Knowledge House　Walnut Tree

中華文化輕鬆讀

07

展現悠久歷史
探尋中華文化

白巍 戴和冰 主編

祝亞平 著

潤物的歌詠

中國節氣

循著春夏秋冬的脈搏，聆聽天人相應的和聲

總　序

　　時下介紹傳統文化的書籍實在很多，大約都是希望藉由自己的妙筆讓下一代知道過去，了解傳統；希望啓發人們在紛繁的現代生活中尋找智慧，安頓心靈。學者們能放下身段，走到文化普及的行列裏，是件好事。《中華文化基本叢書》書系的作者正是這樣一批學養有素的專家。他們整理體現中華民族文化精髓諸多方面，取材適切，去除文字的艱澀，深入淺出，使之通俗易懂；打破了以往寫史、寫教科書的方式，從中國漢字、戲曲、音樂、繪畫、園林、建築、曲藝、醫藥、傳統工藝、武術、服飾、節氣、神話、玉器、青銅器、書法、文學、科技等內容龐雜、博大精美，自有著深厚底蘊的中國傳統文化中，擷取一個個閃閃的光點，關照承繼關係，尤其注重其在現實生活中的生命力，娓娓道來。一張張承載著歷史的精美圖片與流暢的文字相呼應，直觀、具體、形象，把僵硬久遠的過去拉到我們眼前。本書系可說是老少皆宜，每位讀者從中都會有所收穫。閱讀是件美事，讀而能靜，靜而能思，思而能智，賞心悅目，何樂不爲？

　　文化是一個民族的血脈和靈魂，是人民的精神家園。文化是一個民族得以不斷創新、永續發展的動力。在人類發展的歷史中，中華民族的文明是唯一一個連續五千餘年而從未中斷的古老文明。在漫長的歷史進程中，中華民族勤勞善良，不屈不撓，勇於探索；崇尚自然，感受自然，認識自

然，與自然和諧相處；在平凡的生活中，積極進取，樂觀向上，善待生命；樂於包容，不排斥外來文化，善於吸收、借鑒、改造，使其與固有的民族文化相融合，兼容並蓄。她的智慧，她的創造力，是世界文明進步史的一部分。在今天，她更以前所未有的新面貌，充滿朝氣、充滿活力地向前邁進，追求和平，追求幸福，勇擔責任，充滿愛心，顯現出中華民族一直以來的達觀、平和、愛人、愛天地萬物的優秀傳統。

　　什麼是傳統？傳統就是活著的文化。中國的傳統文化在數千年的歷史中產生，進而演變發展到今天，現代人理應薪火相傳，不斷注入新的生命力，將其延續下去。在實踐中前行，在前行中創造歷史。厚德載物，自強不息。是為序。

湯一介

序

獨特的傳統

翻開日曆，驚蟄、清明、穀雨、芒種、白露、寒露、霜降、大雪……一個個標紅的日子，讓你感到既熟悉，又陌生。也許你毫不在意，只是在日曆上尋找節日之時略有所感，因爲我們的生活已經被一個「星期」七日的循環所主宰。對於鋼鐵叢林中的都市人而言，這些標紅的日子如果不是假期，便只是一種似遠似近的記憶；但對於田野裏的農民而言，這些隔十五、六天便出現的「標紅日子」，更能引起他們的注意。無論如何，當一連串的日子聯翩而至，並且循環成一個完整的四季，也許你的心田就會有根琴弦被撥動，一種淡淡的原野氣息慢慢地充盈，一曲曠遠的歌詠在耳邊緩緩地響起，讓你爲之呼吸一暢，精神爲之一振。如果說歲月是踏著陰陽之氣的腳步，那麼，節氣不正是湧現陰陽之氣的源頭嗎？節氣承載的是一個千年的傳統，是我們中華民族的歲月之歌。

在中國，幾乎每個孩子都會背一首歌謠：「春雨驚春清穀天，夏滿芒夏暑相連，秋處露秋寒霜降，冬雪雪冬小大寒……」這首《二十四節氣歌》，被收錄在語文課本裏。在這些歲月裏的孩子們總經常會聽到老一輩的唸唸有詞地絮叨著：「三九四九，凍死老牛！」以此來囑咐孩子們多穿棉衣，保暖禦寒；在每晚七點的中國中央電視臺《新聞聯播》裏，人們也時常會聽到：「今天是二十四節氣中的某某節氣」，提醒人們注意天氣的變化。

節氣，在中國可謂是家喻戶曉，人人皆知，它的影響是如此深遠，甚至可以說，它是中國人數千年承載下來的獨特傳統，其重要性並不亞於春節。

　　二十四節氣僅用二十四個兩字詞語，就將一年四季的氣候特徵概括詳盡，這是先民的一大創造。就其現代天文學的意義而言，以太陽在地球上的投影爲座標，將地球繞太陽公轉一周的軌跡，劃分爲二十四個相等的長度，由此產生二十四節氣，並平均歸屬於春、夏、秋、冬四季。但是中國古人並不知道地球是繞著太陽轉的，在先民的觀察中，太陽東升西落，是天經地義的，但這並不妨礙古人的觀察與體悟。太陽繞地球運動與地球繞太陽運動，只是視覺與眞實之差，以這兩種運動爲基礎，對二十四節氣的研究和觀察在結果上是一致的。

　　正如「地理學之父」埃拉托斯特尼（Eratosthenes），用一根竿子便測出了地球的周長一樣，中國的古人在五千多年前，便用立竿測影的方法，準確地以立竿日中（正午時）測影，訂立下了一年中四個最重要的時刻：冬至、春分、夏至、秋分，並由此準確推出了二十四節氣。這種立表測影，或者叫土圭測影的方法，首先是在黃河中下游地區流行；所以，二十四節氣的發源地，應該是今天的中原地區。至於是誰最先提出了二十四節氣的概念，儘管有各種各樣的上古傳說，但已無法考證，我們只知道二十四節

氣是一個跟中國古代農業同步發展起來的指導農事的補充曆法。

　　中國是一個典型的農耕社會，「靠天吃飯」是幾千年不變的傳統，氣候知識對農民而言，其重要意義不言而喻。古代的勞動人民在曆法還沒有完善之前，就已經用節氣來指導農業生產了。而二十四節氣中的名稱，也反映了農業上的應用，比如「芒種」大意爲有芒作物的種子已經成熟，將要收割，而對於夏播作物來說正是播種最忙的季節。所以，節氣的本質是一種簡單的農事曆。而在後來的農民曆中，節氣一直扮演著極爲重要的角色。中國古代的大科學家沈括，甚至提出了革命性的「十二氣曆」——一種單純用節氣來編排曆法的「太陽曆」。

　　除了與農業、曆法關係密切之外，二十四節氣還與中國古代的物候學、氣象學關係密切。中國古代的先民對自然現象的觀察是如此細緻，鳥獸草木的應時變化，都被記錄下來，與二十四節氣相配合，形成了名爲「七十二候」的氣候生物學，充分體現了中國哲學的陰陽相感、天人合一的思想。當然，這種天人合一的思想自然而然地被應用在人類的自我保養上，因而在中醫學裏，出現了獨具一格的「節氣養生學」。

　　隨著歷史的發展，二十四節氣已經由中原地區逐步推廣到華夏的各個地區，影響每個中國人的日常生活，許多民俗文化活動都離不開節氣。立

春要吃春捲，叫作「咬春」；冬至吃餃子，謂之「交子」。南方的春社、北方的廟會，都與節氣的變化有著千絲萬縷的聯繫。

　　二十四節氣作爲中國傳統文化的一個重要組成部分，幾千年來，一直深深影響著每一個中國人，形成了獨一無二的文化傳統。

目 錄

潤物的歌詠
中國節氣

①

觀象授時
——節氣的由來

▌先民定時令

　　從蠻荒到文明，悠悠千載，中國歷史上從來不乏那些仰望星空，探索奧秘的人，也不乏那些俯察萬物，尋求物理的人。日月經天，江河行地，星移斗轉，繁衍生息，我們的祖先年復一年地在觀察體悟，探究測算，逐漸形成了獨一無二的物候學、天文學知識，其中的經典範例，便是我們要探討的二十四節氣。（圖 1-1）

　　從今天的衛星地圖上看，中國大地就像一個坐著的巨人，伸開大臂環抱著中原大地，敞開胸懷的只有東南一隅，那是大海。其他部分，要麼是飛鳥絕跡的高原，要麼是人跡罕至的森林，形成了一片相對封閉的內陸。在這片大陸上，孕育了一個神奇的、延綿了數千年的、高度發達的農業文明。我們讓時光倒流一萬年，去看一看那鑽木取火，結繩記事的年代，我們的祖先，又是如何開始刀耕火種的農業文明的呢？

　　一萬多年前，生活在黃河流域的先民們，已經開始培植穀物，豢養家畜。而與他們的日常生活緊密相連的，莫過於氣候與土壤。當黃河的冰凌開始解凍，河邊的柳樹抽出嫩芽，布穀鳥又開始歡叫，蟄居的動物們拱出

了鬆潤的泥土，那些尚在蒙昧狀態的先民們，便會直覺地感受到，播種的季節又來到了。

農民對氣候的直覺，在這片黃土地上已經延續了上萬年。這種直覺可能來自於兩個方面：一是人類的生物本能，人與其他動物一樣，也是有生物節律的，一年四季的陰陽寒暑變化，自然也會在人的身上留下印跡，寫下密碼，只不過人類對自己體內的生物時鐘還一直不夠敏感；二是物候的變化，動植物的變化與人類生活息息相關，自然也會引起人類敏銳的觸感。

於是，物候的變化，成為那個時代人類對自然變化的最初的認識，其實，這也是一切科學認識的開始。

天文學史家們指出，在遠古，年、季、月的概念，並不是在對行星運動的觀測基礎上得來的，而是很直觀地從物候的變化之中總結出來的。

比如「年」字，在《說文解字》裏，是指「穀熟」，與「稔」字同義。說明至少在長江流域，華夏的先民是以穀物的成熟週期來紀年。而雲南的一些少數民族把「布穀鳥又叫了」、「攀枝花又開了」、「稻穀又收成了」的物候現象的出現，視為一個「年」又回來了。某些少數民族，是以草木榮落以紀其歲時的，這正是「離離原上草，一歲一枯榮」的紀年意義。有些民族甚至直

接把幾年叫作「幾草」，意思是說見過了幾次草原的返青。在沒有文字的時代，人們或許自發地將物候的週期變化，以結繩記事的方法記錄下來。用兩根繩子都打上結表示冬天，都不打結便表示夏天。後來再用一根打結，一根不打結，通過上下的不同擺放，來表示春季與秋季。四時的寒暑變化就這樣被慢慢固定下來。歲月就這樣被一串串地掛在了歷史的長繩上。（圖1-2）（圖1-3）

　　四季的起源則要複雜得多，因為各地的氣候差異很大，黃河長江流域四季分明，人們可以從物候觀察中找出季節變化的軌跡。正如古書所記載

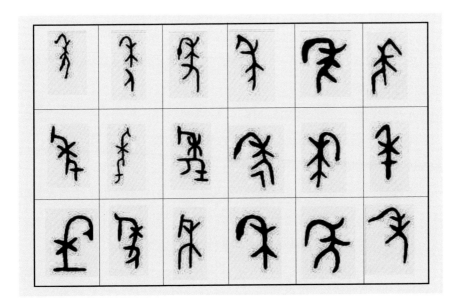

圖1-2 「年」字的演變

從「年」字的演變可以看出，它們都與穀物有關，
先民們是通過穀物成熟來定義「年」的時間含意
的。

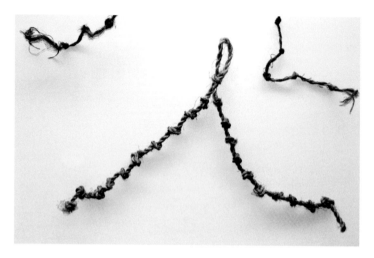

圖 1-3 結繩記事，雲南民族博物館民族文字古籍展廳（楊興斌／攝）

圖爲獨龍族的結繩記事，一個結代表一天，意爲十天後相會。

的：觀禽獸之產，識春秋之氣；見鳥獸孕乳，以別四季。當然這時的四季還沒有一個明確的劃分。

月份的概念也是根據物候而來。如《詩經》裏的「五月螽斯動股，六月莎雞振羽」的歌謠，反映了先民對各個月份出現的物候的觀察。當天文觀察的手段建立起來後，這種「物候曆」便顯得粗疏了。（圖 1-4）

上古時代，經歷了一段很長的「物候紀時」的歷史時期。神話傳說中的三皇時代，便是採用物候來定季節的。三皇之首的燧人氏發明了鑽木取火，但那時的人們還不會觀星望氣。後來的伏羲氏就不同了，《尸子》說：「伏羲作八卦，別八節而化天下。」伏羲氏的曆法是所謂的「龍紀」，也就是以蛇的出蟄和入蟄爲物候的標誌，把一年分爲冬、夏兩季。通過觀察物候來定時的方法，在少昊氏的時代達到了一個高峰。少昊氏的「鳥紀」是以鳥來紀時。候鳥的四季遷徙，成爲劃分季節較爲準確的依據。這一點從當時的官職設置上也可以看出來。少昊氏的鳳鳥氏爲曆正（主管四時曆

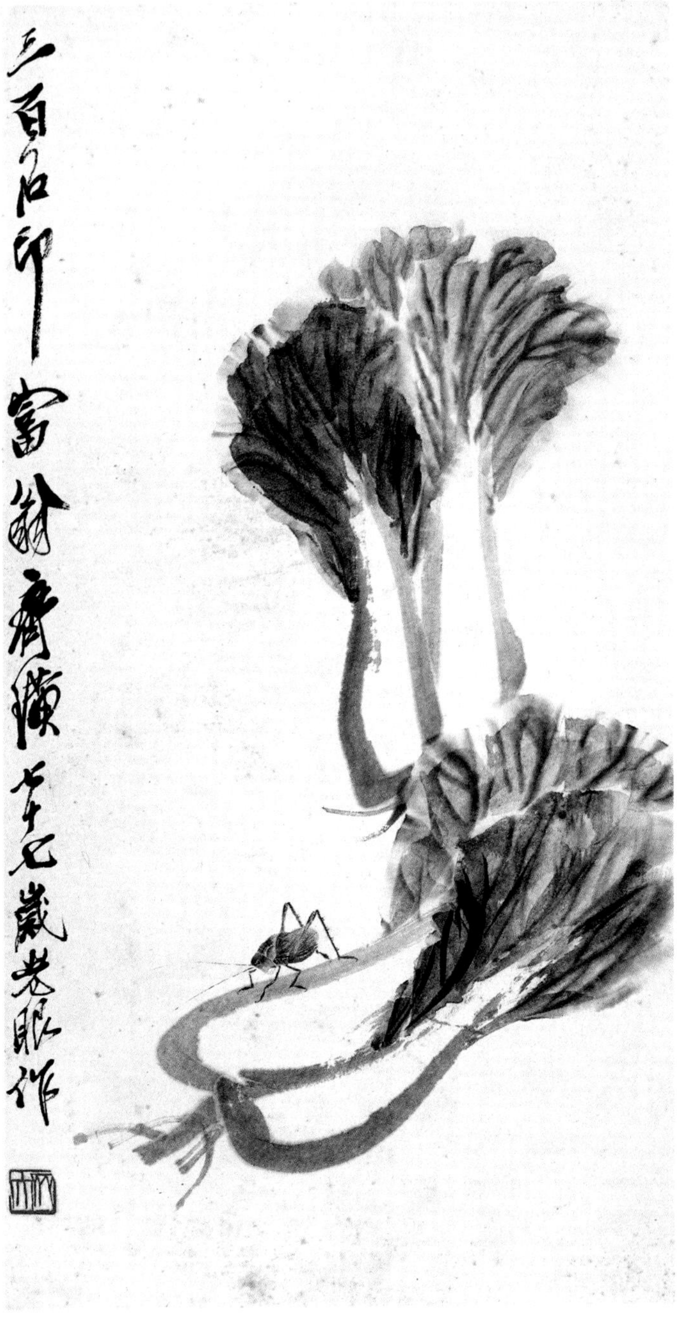

圖 1-4　《白菜蟈蟈》（齊白石／畫）

古人以觀察動物與植物的週期變化來紀年，稱爲「物候曆」。正文中所提「螽斯」、「莎雞」即爲蟈蟈。

法的官）；玄鳥氏爲司分，以燕子的南來北往定春分與秋分；趙伯氏爲司至，即以伯勞鳥來定冬至與夏至；青鳥氏爲司啓，主管立春、立夏；丹鳥氏爲司閉，主管立秋、立冬。這是典型的物候紀時方法。值得注意的是，這裏的「分、至、啓、閉」，便是「四時八節」的概念，即春夏秋冬四季與立春、立夏、立秋、立冬、春分、夏至、秋分、冬至八個節氣。（圖 1-5）

　　四時八節，便是二十四節氣的前身，也是節氣中最爲重要的時間節點。八節清楚地劃分出一年四季，標示出季節的轉換。雖然還不夠精確，但已經無可疑義地證明了節氣這一概念，以及以節氣來紀時的方法，在西元前

圖 1-5　伏羲創八卦，《瑞世良英》卷一《君鑒》

伏羲用「—」代表陽，用「--」代表陰，三個這樣的符號，排列組合成的八種形式，分別叫作乾、坤、巽、兌、艮、震、離、坎卦。每一卦形代表不同的事物，八卦互相搭配又得到六十四卦，用來象徵各種自然現象和人事現象。

一萬年到西元前五千年之間，便已經由華夏的先民們發明了。相對而言，其他大陸上的農民們卻沒有這個福分，無論是希臘還是埃及、巴比倫，都只認識到多至與夏至兩個節氣。四時八節二十四氣，只有中國獨有，而且從遠古直到今天，人們一直都在用，這不能不說是人類文明史的一個奇蹟。

▌ 太陽的運動

要理解古人的思維與二十四節氣的實質，首先要對現代天文學中的太陽與地球的關係有一個基本的認識。

太陽在地球生命中起著決定性的作用，這一點先民們很早便認識到了。萬物生長靠太陽，太陽決定了一年四季的寒溫冷暖，但在先民們的認識中，大地並不是一個球體，地球也不是繞著太陽在轉，人們看到的，只是太陽的東升西降，人們感到的是夏天的太陽熾熱，冬天的太陽溫和，太陽在天際的運動，是人們的視覺運動的反應，天文學上稱之為太陽的「視運動」。地球的自轉方向是由西向東，所以看起來太陽是在做東升西降的運動，當然，實際上這是一種錯覺。（圖1-6）

圖 1-6　賀蘭山岩畫太陽神

此圖反映了古人對太陽的崇拜。

我們今天認識到的日地關係是地球繞著太陽做公轉和自轉。當然得出這一正確的結論，人類經歷了一次又一次的否定和思考。古希臘的科學家阿里斯塔克斯（Aristarchus）首先提出了一個「太陽中心論」的宇宙模型，但善於思考的古希臘人用一個簡單的「視差運動實驗」來驗證它，由於當時還沒有望遠鏡，觀測的結果並不支持日心說，古希臘人便用這個錯誤的實驗否定了較為接近真理的「太陽中心論」。後來亞里士多德提出了一個同心圓的水晶球模型，托勒密用複雜的本輪和均輪學說加以完善，形成了長期佔據統治地位的「地心說」。直到1543年哥白尼提出「日心地動說」，人們才真正地認清了我們居住的地球，原來是繞著太陽在轉的。但是，我們中國的先民們並沒有認識到這一點，因為中國古代既無地球的概念，也沒有像亞里士多德那樣的同心圓概念，我們的先人想像中的宇宙模式是「天圓地方」，或者是「天如斗笠，地如覆盤」，在漢代以前，這種蓋天說的宇宙模式是當時的主流認識。（圖 1-7）（圖 1-8）

按照先民的經驗和當時的觀察，太陽

圖 1-7　古希臘的地心說模型

西元二世紀，希臘天文學家托勒密發展了「地心說」。「地心說」是世界上第一個行星體系模型。儘管它把地球當作宇宙中心是錯誤的，然而它的歷史功績仍存。

圖 1-8　哥白尼「太陽中心學說」繪畫

哥白尼提出的「日心說」，有力地打破了長期以來居於宗教統治地位的「地心說」，實現了天文學的根本變革。

是繞著地球做東升西降的圓周運動的,而太陽運動的軌跡,便被稱爲「黃道」。把圓周形黃道等分成二十四份,黃道上的這二十四個點,也就是二十四節氣。所以二十四節氣嚴格來說不是一日,而是一個時刻,也就是太陽運動到黃道上這個節點的時刻。理解了這一點,對於二十四節氣的來源與實質便有了一個清楚的認識。（圖 1-9）

　　古人得出的這個認識,可是經歷了長期的觀測與思考而來的。先民首先是根據對物候的觀察來定時令的,但物候並不精確,所定的四時八節還有些粗疏,大約到了炎帝的時代,人們已經開始以天文的觀測來定時令了。從物候觀察到天文觀測,不能不說是邁進了一大步。（圖 1-10）

　　從現代天文學的角度來看,二十四節氣是根據太陽在黃道（即地球繞太陽公轉的軌道）上的位置來劃分的。我們看到的「視太陽」從春分點（黃經零度,此刻太陽垂直照射赤道）出發,每前進十五度爲一個節氣,運行一周又回到春分點,這就是一個回歸年,合三百六十度,這樣就分成

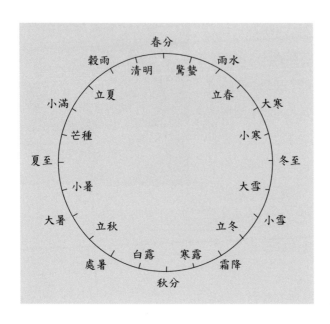

圖 1-9　二十四節氣與黃道示意圖

圖 1-10　北京古觀象臺的
黃道經緯儀（查振旺／攝）

北京古觀象臺的黃道經緯
儀，製於康熙八年至十二
年（1669—1673 年），重
二千七百五十二公斤，儀
高三點四九七公尺。主要
用於測量天體的黃道經度
和緯度，以及測定二十四
節氣。

了二十四個節氣。節氣的日期在陽曆中是相對固定的，如立春總是在陽曆
的二月三至五日之間。但在農曆中，節氣的日期卻不大好確定，再以立春
爲例，它最早可在上一年的農曆十二月十五日，最晚可在正月十五日。〔圖
1-11〕

　　在一個回歸年間，地球每三百六十五天五時四十八分四十六秒，圍繞

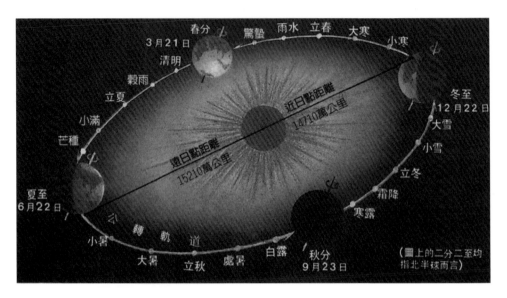

圖 1-11　地球公轉和節氣變化示意圖

太陽公轉一周，每二十四小時還要自轉一次。由於地球旋轉的軌道面和赤道面不是一致的，而是保持一定的傾斜，所以一年四季太陽光直射到地球的位置是不同的。以北半球來講，太陽直射在北緯二十三點五度時，天文學上就稱爲夏至；太陽直射在南緯二十三點五度時稱爲冬至；夏至和冬至即指已經到了夏、冬兩季的中間了。一年中太陽兩次直射在赤道上時，就分別爲春分和秋分，這也就到了春、秋兩季的中間，這兩天白晝和黑夜一樣長。反映四季變化的節氣有：立春、春分、立夏、夏至、立秋、秋分、立冬、冬至八個節氣，其基礎是土圭測影的實測，反映的是天文現象。正如我們今天耳熟能詳的《節氣詩》裏說的：

地球繞著太陽轉，轉完一圈是一年；

一年分成十二月，二十四節緊相連。

春雨驚春清穀天，夏滿芒夏暑相連；

秋處露秋寒霜降，冬雪雪冬小大寒。

每月兩節不變更，最多相差一兩天；

上半年來六廿一，下半年是八廿三。

這首被收錄在大陸語文課本裏的《節氣歌》，朗朗上口，過目難忘，已經成爲中國人不可或缺的文化傳統，影響著每個人的生活。﹝圖 1-12﹞

	節氣名	立春 (正月節)	雨水 (正月中)	驚蟄 (二月節)	春分 (二月中)	清明 (三月節)	穀雨 (三月中)
春季	節氣日期	2 月 3-5日	2 月 18-20日	3 月 5-7日	3 月 20-21日	4 月 5-6日	4 月 19-21日
	太陽到達黃經	315°	330°	345°	0°	15°	30°
	節氣名	立夏 (四月節)	小滿 (四月中)	芒種 (五月節)	夏至 (五月中)	小暑 (六月節)	大暑 (六月中)
夏季	節氣日期	5 月 5-7日	5 月 20-22日	6 月 5-7日	6 月 21-22日	7 月 6-8日	7 月 22-24日
	太陽到達黃經	45°	60°	75°	90°	105°	120°
	節氣名	立秋 (七月節)	處暑 (七月中)	白露 (八月節)	秋分 (八月中)	寒露 (九月節)	霜降 (九月中)
秋季	節氣日期	8 月 7-9日	8 月 22-24日	9 月 7-9日	9 月 22-24日	10 月 8-9日	10 月 23-24日
	太陽到達黃經	135°	150°	165°	180°	195°	210°
	節氣名	立冬 (十月節)	小雪 (十月中)	大雪 (十一月節)	冬至 (十一月中)	小寒 (十二月節)	大寒 (十二月中)
冬季	節氣日期	11 月 7-8日	11 月 22-23日	12 月 6-8日	12 月 21-23日	1 月 5-7日	1 月 20-21日
	太陽到達黃經	225°	240°	255°	270°	285°	300°

圖 1-12　節氣表

▍ 土圭測影

在二十四節氣眞正確立之前,當人們意識到太陽是氣候的決定因素時,這已經是一個了不起的進步。也許是一個偶然的契機,人們發現,一根竿子豎在地上,便會在地上留下太陽的影子。這影子由長到短,再由短變長,日復一日,年復一年,不難看出,影子的長短其實是有規律的。我們很難想像,最初的發現者是如何的驚訝。因爲夏至那天,影子最短,冬至那天,影子最長,這個規律,不經過幾十年,甚或幾百年的測量,是得不出來的。

我們常說的一句成語「立竿見影」,便是由此而來。（圖 1-13）

圖 1-13　立竿見影

其實，立竿測影一直是先人用來測量時間的手段。無論是在中國還是在希臘，先民都是用一根簡單的竿子來測量時間的。中國的日晷運用的也是這一原理。

最早記載的「立竿測影」的方法，應該是在顓頊時代。顓頊是黃帝的孫子，他是一位「絕地天通」的人物。史傳「高陽氏裁地以象天」，說明是他開始把天文觀測當作決定節氣的方法，而此前，則是以物候來定節氣。他任命了一位叫「重」的官員爲司天之官——南正。南正的職司是立起八尺之竿，以觀測太陽中天的「景」。「景」就是日影。有了這種立竿測影的測量方法，人類對太陽運動的認識自然就進化到了實測階段，也就有了一系列新發現。（圖 1-14）

圖 1-14　顓頊（西元前 2514—西元前 2437 年），相傳是黃帝的孫子，號高陽氏，居帝丘（現河南濮陽縣）

那麼，什麼是土圭呢？其實它就是一根長度八尺的竿子在地上的投影，《周禮・地官・大司徒》裏說道：「以土圭之法測土深，正日景，以求地中。」後人疏解這篇文章時說，「土圭尺有五寸，周公攝政四年，欲求土中而營王城，故以土圭度日景之法測度也。度土之深，深謂日景長短之深也。」所謂的測土深，或度土之深，是指影子的長短。具體的做法是，

在夏至這一天，豎八尺之表，日中而度之，圭影正好等於一尺五寸。（圖1-15）

按氣象學家竺可楨的說法，至少在西元前7世紀，人們已經開始用土圭來測量日影長短了。這一方法在周朝直至漢代，一直是主要的測量方法。積累了若干世紀，人們終於發現，一年當中，夏至影最短，多至影最長。這兩個節氣是實測的，而其它的可以推算出來。春分與秋分的影長是相等的，是夏至影長與多至影長之和的一半。這樣，兩至、兩分便確立了。意即春、夏、秋、多四季開始的四個節氣也相繼可以確定了。兩分、兩至加上四立，便是「八節」。（圖1-16）

戰國晚期的《呂氏春秋》裏，已有立春、春分、立夏、夏至、立秋、

圖1-15　周公測景臺中的圭表石柱及研究報告配圖（聶鳴／攝）

我國古代測日影所用的儀器是「圭表」，而最早裝置圭表的觀測臺是西周初年在陽城建立的周公測景臺，因周公營建洛邑選址時，曾在此建臺觀測日影而得名。

秋分、立冬、冬至八個節氣的明確記載。《左傳・僖公五年》載：「凡分、至、啓、閉，必書雲物，爲備故也。」就是說，每逢兩分、兩至、四立時，必須把當時的天氣和物象記錄下來，作爲準備各項農事活動的依據。詳細地記錄物象、氣象，是先民長期形成的傳統，是重視農業生產的必要手段。

《呂氏春秋》除了記載二十四節氣中最重要的八氣外，還記載了許多關於溫度、降水變化，以及由此影響的自然、物候現象。這也是先民記錄物象、

圖 1-16　登封觀星臺，1279年元代天文學家郭守敬設計建造，河南登封

觀星臺北面石圭與觀星臺構成一個巨型圭表，石圭居於子午線方向。圭面中心和兩旁均有刻度以測量影長。根據臺上橫樑在石圭上投影的長短變化，確定春分、夏至、秋分、冬至，劃分四季。

氣象的優良習俗的文字遺跡，與《左傳·僖公五年》所載是吻合的。但這並不能說明《呂氏春秋》這部書產生的時代二十四節氣尚未形成。（圖 1-17）

我們前面說過，早期的物候曆是較為粗略的，後來有了測量工具，使節氣的確立變得更加精確。這一點，從《周髀算經》裏可以得到明證。據考證《周髀算經》漢代成書，記載的卻是周朝的天文數據。周髀的基本方法，就是立表測影。髀者，表也。它用的是八尺之表，測得夏至影長一尺六寸，冬至影長一丈三尺五寸。隨後，通過這兩個數據，《周髀算經》給出了二十四節氣的日影長度。（圖 1-18）

這說明，周代的先人們已經把土圭測影的方法與物候學結合起來，而

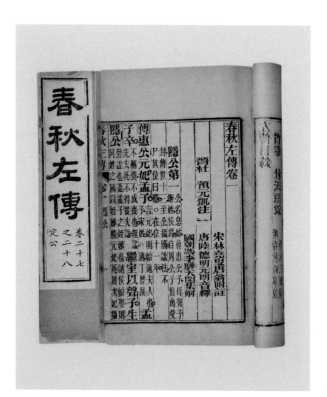

圖 1-17 《春秋左傳》，圖為（清）馮李驊集解書影，同治二年（1863 年）崇文書局刻

《春秋左傳》又名《左傳》，是我國現存最早的編年體史書。相傳為春秋末年的左丘明為解釋孔子的《春秋》而作。

且還採用了觀察天象的方法，比如觀察北斗七星斗柄的指向來定節氣。有「斗柄東指，天下皆春；斗柄南指，天下皆夏；斗柄西指，天下皆秋；斗柄北指，天下皆冬」的記載。這在天文學上被稱爲「斗建」，也是確定節氣的方法之一。（圖 1-19）

但觀察物候與天象，遠不如土圭測影準確。所以，在二十四節氣的形成過程中，土圭測影是最具數理邏輯性質的方法，它既是天文測量的基本方法，也體現了二十四節氣的來源，是比較科學的。《黃帝內經·素問·六節藏象論》記載了使用「圭表」觀測的方法：「立端於始，表正於中，推餘於終，而天度畢矣。」根據圭表上日影長度來測量與推算，就是確定二十四節氣最簡便而且可靠的方法。

用土圭測影的方法，先確定夏至與冬至的準確日子，然後根據實測得到的影長，便可以定出四季，進一步劃分八節，八節再一分爲三，便可形成二十四節氣。正如《周髀算經》所說：「二至者，寒暑之極。二分者，陰陽之和。四立者，生長收藏之始。

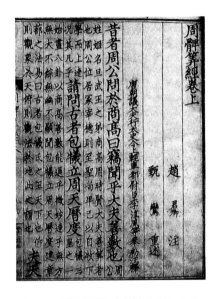

圖1-18　《周髀算經》，成書於西元前1世紀，圖爲南宋傳刻本書影

算經的十書之一，原名《周髀》，天文學著作。其中涉及部分數學內容。

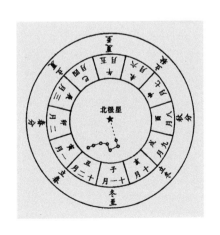

圖1-19　北斗與四季的關係示意圖

21

是爲八節，節三氣，三而八之，故爲二十四。」意爲二至便是夏至、多至，它們是寒暑的標誌；二分是春分、秋分，它們是陰陽平分的標誌；四立是立春、立夏、立秋、立多，它們是天地氣機變化的標誌，這就是「四時八節」，再一分爲三，就形成了二十四節氣。由此我們可以確定，二十四節氣的劃分，是建立在天文實測的基礎之上的，其科學性不容置疑。

▌ 節氣的確立

　　二十四節氣完整地出現，是在漢代的《淮南子·天文訓》裏。《淮南子》是歷史上的一部奇書，屬於道家的著作。後人評價它「牢籠天地，博極古今」。可謂是流源千里，淵深百仞，致其高崇，成其廣大，是漢代以前天文地理等自然知識的集大成之書。（圖 1-20）

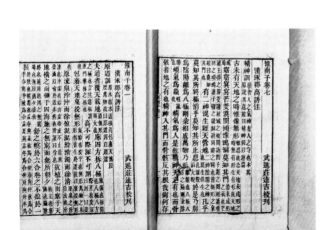

圖 1-20 《淮南子》，圖為清刻本書影

本書是我國西漢時期的一部論文集，由西漢皇族淮南王劉安主持撰寫。全書內容龐雜，難將道、陰陽、墨、法和一部分儒家思想糅合起來，但主要的宗旨傾向於道家。

　　《淮南子・天文訓》裏明確地說道：「八月、二月，陰陽氣均，日夜分平，故曰刑德合門。德南則生，刑南則殺，故曰二月會而萬物生，八月會而草木死，兩維之間，九十一度十六分度之五而升，日行一度，十五日爲一節，以生二十四時之變。」意爲夏至、冬至是陰陽二氣轉換的樞紐。二月的春分和八月的秋分，陰陽二氣平均，日夜差不多同長。而二月是萬物生長的季節，八月則草木開始凋零。如果把天球分爲三百六十五度，則四季各有九十一又十六分之五度，太陽每天運行一度，十五日就是一個節氣，這樣可以推出二十四節氣。這裏，《淮南子》清楚地指明了節氣就是太陽黃道等分成二十四份得來的。

　　接下來《淮南子》詳細地描述了二十四節氣：

　　斗指子，則冬至，音比黃鐘。

　　加十五日指癸，則小寒，音比應鐘。

　　加十五日指丑，則大寒，音比無射。

　　加十五日指報德之維，則越陰在地，故曰距日冬至四十六日而立春，陽氣凍解，音比南呂。

　　……

　　加十五日指子。故曰：陽生於子，陰生於午。陽生於子，故十一月日冬至，鵲始加巢，人氣鐘首。陰生於午，故五月爲小刑，薺麥亭曆枯，冬生草木必死。

　　《淮南子》裏的二十四節氣，是從冬至開始，依次爲小寒、大寒、立春、雨水、驚蟄、春分、清明、穀雨、立夏、小滿、芒種、夏至、小暑、大暑、立秋、處暑、白露、秋分、寒露、霜降、立冬、小雪、大雪。這段記載，是現存文獻裏最早且最完整的關於二十四節氣的記錄，其中的節氣名稱，自漢代以來，一直沿用至今。（圖 1-21）

　　《淮南子》的這段記載，是從冬至開始的，並不是像今天一般的說法，

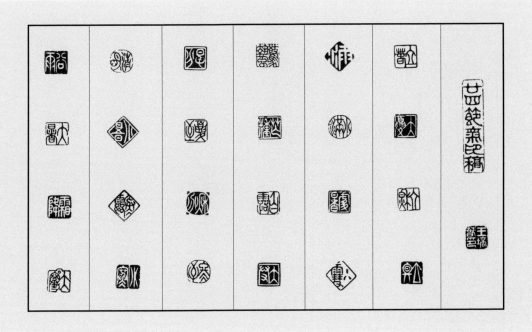

圖 1-21　二十四節氣篆刻

是從立春開始。它說「斗指子，則冬至」。這裏的「斗」，是指北斗的斗柄。從表面上來看，《淮南子》似乎是以「斗轉星移」的方式來定節氣的，但實際上，《淮南子》中所提節氣始於冬至，便說明了二十四節氣的最後確定，是以冬至測日影的影長為準。《淮南子》所述二十四節氣的來源是實測，同時也參照了秦漢以前的物候學與星象學的結果。而另一本戰國時期的古書《逸周書・時訓解》也出現了二十四節氣的名稱及大量物候學的

圖 1-22　日晷

主表逐漸演變為日晷，可
精確測定冬至的日影。

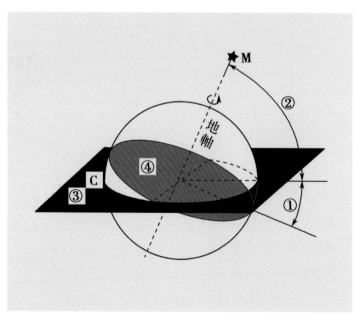

圖 1-23　現代天文學測定
冬至的示意圖

現代天文學測定，冬至日
太陽直射南回歸線（又稱
為冬至線），陽光對北半
球最傾斜，北半球白天最
短，黑夜最長。冬至過後，
太陽又慢慢地向北回歸線
轉移。

記錄，雖然這本書的眞偽至今尚無法確定，但它也可以是一個有力的旁證，說明二十四節氣在戰國晚期應該基本上已經確立了。《淮南子》撰於西漢，它反映的正是西漢以前的成果。（圖 1-22）

《淮南子》記載了土圭測影的方法，它說：「八尺之景，修徑尺五寸。景（影）修則陰氣勝，景（影）短則陽氣勝。」這是說夏至的時候八尺之表，影長爲一尺五寸，這正是周朝初年的數據。從夏至開始，陰氣漸漸增長，至冬至則陽氣開始增長。這就是所謂的「冬至一陽生」。這說明了節氣的確立是長期的天文觀測再加上人們的體驗，綜合以後得出的。（圖 1-23）

《淮南子》中記載的二十四節氣，歷經二千多年，其名稱毫無改變，節氣的氣候意義，節氣名稱本身也已表達出來了，而且它是建立在精密的天文定位基礎上的，這是一項了不起的成就，所以有人說，二十四節氣堪稱是四大發明後的第五大發明。

潤物的歌詠
中國節氣

2

寒來暑往
──節氣的意義

▊ 記錄自然的脈動

圖 2-1　北京中軸線的二十四節氣石刻〈嚴向群／攝〉

二十四節氣的名稱，從西漢《淮南子》的時代開始，歷時二千餘年，一直爲中國人所沿用。

　　二十四節氣表達的是地球上生命現象的週期性規律。人作爲地球上的生命體，自然也受到自然規律的制約。而人類正是因爲對自然的體驗與探索，才慢慢地摸索出寒來暑往的規律，才發現二十四節氣的奧秘。

　　爲事物取一個好聽的名字並不容易，我們都有類似的經驗，最難的事情，莫過於爲自己的孩子取個好聽、響亮，且有深刻含意的名字。二十四節氣的名稱歷經數百年變遷，最後定型於《淮南子》，我們不得不感歎，節氣的名稱不僅好記、好聽，更重要的是短短兩個字，把天地陰陽自然變化的現象表達得十分清楚。所以才流傳至今而無任何改變。（圖 2-1）

　　我們先來看看這些節氣的名稱都有什麼具體的含意。

　　立春：春天是萬物蠢蠢欲動的時節，「春」通「蠢」，立是開始的意思，立春這個節氣的名稱，描述了一種萬物復甦、大地回春的景象。所以，

29

它是春天的開始。在古代的曆法中，人們經常把立春作爲一年的「歲首」，作爲重要的節日，相當於今天的春節。

　　雨水：經歷了少雨的冬天，立春十五日後，大地完全復甦，太陽的照射越來越強，陽氣薰蒸，冰雪消融，春雨沛然而下，雨水滋潤著大地，草木發出了嫩芽。雨水這個節氣，描述的是大地上春雨綿綿、萬物滋潤的景象。

　　驚蟄：經過雨水的滋潤，大地徹底蘇醒了，陰陽二氣交爭，發而爲雷。天空中春雷鳴響，驚醒了泥土裏冬眠的昆蟲和小動物，它們蠢然而動，爬出洞穴，開始覓食活動。驚蟄這個名稱，形象生動地體現了地球生命的律動。

　　春分：到了春分這一刻，春天已經過去了一半，分也就是中分的意思。這一天晝夜相等，陰陽二氣平均，天地間一派生機盎然。

　　清明：春分後十五天，自然界一派春光明媚，山清水秀，碧空如洗，春雨沛然，草木繁盛。清明正是對這種景象的最佳描述。

　　穀雨：春雨越下越多，穀物得到充足水分，雨生百穀，所以叫作穀雨。

　　立夏：夏天終於開始了，陽光更加充足，太陽照在人臉上已經有熱辣辣的感覺了。

　　小滿：滿是飽滿的意思，小麥等夏熟類的作物顆粒日漸飽滿。

　　芒種：芒就是麥芒，這時可以收割麥子，搶種水稻；所以，有人說芒種就是搶收、搶種農忙的開始。

　　夏至：是一年中日影最短的一天，太陽的灼熱讓人難以抵擋，盛夏即將來臨。

　　小暑：氣候雖然炎熱，但還沒有熱到極點，故以「小」名之。

　　大暑：是一年中最熱的時節，赤日炎炎似火燒，暑熱難當，無論是人類還是動物都要避暑納涼。以「小」和「大」來形容暑熱的程度，讓人觀其名而感同身受。二十四節氣中的小寒、大寒、小雪、大雪，都是同樣的表述方法。

立秋：秋天悄然而至，也許還會有秋老虎，但從這一天開始，陰陽二氣的消長已經發生了變化，此後氣溫開始逐漸下降了。

處暑：「處」有藏的意思，秋天雖然開始，但暑熱並未全消，只不過從這天開始，秋氣漸涼，人們不用再擔心秋老虎的肆虐了。

白露：這是一個頗有詩意的名字，《詩經》中就有「白露為霜」的句子。此時地氣陰陽不均，夜間寒氣較重，地面水汽便會在草木上凝為露珠，這是天氣進入秋涼的象徵。

秋分：跟春分一樣，是秋季九十天的中分點，這一天晝夜相等，隨之則陽消陰長，日短夜長。

寒露：秋涼如水，入夜寒氣襲人，由於晝夜溫差較大，草木上凝結成冰冷的水珠，時節已經進入深秋。

霜降：寒露後十五天，早晨起來，會發現地面上有一層白白的細霜，說明氣溫又已接近攝氏零度，水氣遇冷而凝。

立冬：這是冬天的開始，日照時間越來越少，陽氣漸微，時令轉入冬季。

小雪：北方有些地方已經開始下雪了，但雪量還不大。

大雪：隨著天氣漸冷，雪下得越來越大，次數也越來越多了。

冬至：這一天日影最長，白天最短，黑夜最長，天地間的陰寒之氣達到極致，物極必反，這一天，陽氣也開始增長了。

小寒：天寒地凍，但還沒有達到極冷。

大寒：寒冷到了極點，這是一年中最冷的時節。（圖 2-2）

這二十四節氣的命名，不僅描述精確，而且生動傳神，即使是不識字的農夫，也能一聽就明白，一聽就記住。不禁讓人感歎中國文字語言的奇妙與古人的聰明智慧。它深刻反映了天地間陰陽消長的規律，如果你閉上眼睛，將這二十四個精練、精準而又通俗易懂的名稱在腦海裏默默地吟誦一遍，也許你便能感受到自然的脈動，體會到天人合一的神奇境界。

圖 2-2　二十四節氣攝影作品
（第 32-35 頁）（青簡／攝）

照片表現不同節氣時的自然景
觀。
青簡，本名周潔，醫生、攝影
師。其文字及攝影作品曾在多
家媒體發表。並出版個人攝影
文集《江南》。

立夏

小滿

芒種

小暑

大暑

夏至

潤物的歌謠

立秋

處暑

白露

寒露

霜降

秋分

冬至

小寒

大寒

小雪

立冬

大雪

表達生命週期

生命的奇妙之處，就在於周而復始，生生不息。我們的祖先很早就通過直觀體驗和客觀測量，找到了生命變化的根本原則，就是天地之間的陰陽交替，正所謂「孤陰不生，獨陽不長」。沒有太陽，便沒有陰陽，所以太陽的運動是核心，一年四季的變化，是太陽運動的結果。而「氣」則是陰陽運動的載體與表現形式。人們生活在大自然中，能夠感受到天地間陰陽之氣的消長變化，所以古人早就有了「分至啓閉」這樣抽象描述陰陽二氣運動變化的辭彙。實際上，節氣表達的是自然的生命週期，是我國先民們經過長期的觀察所得來的對自然現象的精確描述。（圖 2-3）

圖 2-3　19 世紀，道教天氣手冊中關於陰陽的繪畫

畫中的火爲陽，雲爲陰。

我們把二十四節氣排成一張表，就會赫然發現其規律性。雖然《淮南子》的二十四節氣始於「冬至」，但今天，人們習慣於從立春開始排列二十四節氣，我們將其分為四組，每組又分為前後兩半：

立春，雨水，驚蟄，春分，清明，穀雨；

立夏，小滿，芒種，夏至，小暑，大暑；

立秋，處暑，白露，秋分，寒露，霜降；

立冬，小雪，大雪，冬至，小寒，大寒。

按照這種排列，我們一眼就能看出四季打頭的四個「立」，這四「立」表明春夏秋冬的開始；後半節的「春夏秋冬」也是一目了然，它們對應的就是「二分、二至」。這八個節氣，就是四季八節。雖然它們的最初確定更多的是來自天文而非物候，但它們所表現的，正是大自然春生、夏長、秋殺、冬藏的規律，四季輪迴，草木枯榮，周而復始，表達得十分明確。（圖2-4）

節氣與生命週期的關係，是通過陽光與水的循環來表達的。

生命的生長離不開陽光，太陽的照射直接影響地球的氣溫，二十四節氣中有五個節氣直接表達氣溫的變化。小暑、大暑、處暑是炎熱夏季的暑熱，小寒、大寒是寒風凜冽的冬天的寒冷，它們都是由北半球的日照時間所決定的。從天文角度看，夏至日視太陽最高，冬至日視

圖2-4　《麥生日》，出自《每日古事畫報》

浙江地區流行麥生日，民眾借此祈求豐收。

太陽最低。但我國的最熱時期不在夏至前後,最冷的時期也不在冬至前後,這是為什麼呢?因為大地吸收熱輻射和釋放熱量之間是有一個時間週期的,太陽帶來的熱量在廣闊大地被慢慢吸收,過了一段時間後才會釋放出來,這就是我國最熱的時期是在夏至後十五到三十天的原因。小寒、大寒的氣溫變化,也是基於同樣的原因。

水是生命的基本物質,自然界的一切都離不開水。二十四節氣中,有五個節氣是直接跟水的循環有關的。立春之後,有雨水、穀雨兩個描述降雨的節氣,雨水是初雨,而穀雨是大量的降雨;白露、寒露、霜降,描述的是水氣凝結的狀態,或為露,或為霜;而小雪、大雪當然也與水的循環有關。

圖 2-5　小滿已過,芒種將至時的麥子

小滿時麥穗開始充實,芒種時就到了收穫的時節。

　　而直接描述動物生命規律活動的節氣是**驚蟄**，天上雷聲震震，地上蟲蛇蠢蠢，春天的活力體現在動物身上，復活、甦醒、活躍，生命的節律再次啟動。而這種生命的力量體現在植物，特別是穀物的身上，則是小滿、芒種兩個節氣。小滿時麥穗開始充實，芒種是有芒的穀物到了收穫的時節，年年歲歲，絕無例外。〔圖 2-5〕

　　人們對自然現象的變化體驗，不僅是寒熱溫涼，更多的是對自然界的花草樹木的感知，正如一首流傳至今的歌謠所載，隨著節氣的變化，一年之中，世間草木正是一種春生、夏長、秋殺、冬藏的景象。

立春梅花分外豔，雨水紅杏花開鮮；

驚蟄蘆林聞雷報，春分蝴蝶舞花間。

清明風箏放斷線，穀雨嫩茶翡翠連；

立夏桑果像櫻桃，小滿養蠶又種田。

芒種玉秧放庭前，夏至稻花如白練；

小暑風催早豆熟，大暑池畔賞紅蓮。

立秋知了催人眠，處暑葵花笑開顏；

白露燕歸又來雁，秋分丹桂香滿園。

寒露菜苗田間綠，霜降蘆花飄滿天；

立冬報喜獻三瑞，小雪鵝毛片片飛。

大雪寒梅迎風狂，冬至瑞雪兆豐年；

小寒遊子思鄉歸，大寒歲底慶團圓。〔圖 2-6〕

　　歲歲枯榮的是草木，年年綻放的是花卉，春華秋實的是五穀，生老病死的是生命。四季輪迴，歲月如梭，唯一不變的，就是那日月的東升西墜，陰陽的此消彼長，氣候的溫暖寒涼，萬物的生長收藏，正如古人所說，天不變，道亦不變。那不變的道，不正是節氣的循環流注嗎？

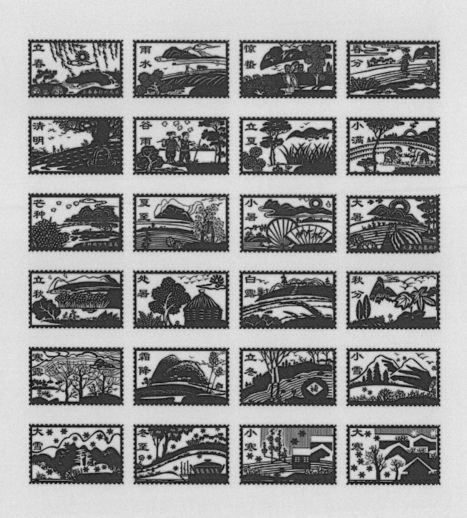

圖 2-6　二十四節氣剪紙

▎ 指導農業生產

對於中國這樣一個有著五千年農業文明的國家，面朝黃土背朝天的農民們基本上是靠天吃飯的。所謂「看天看地種莊稼」，春種、夏長、秋收、冬藏，每一個重要的農時，都不容錯過。人誤地一天，天誤人一年，其實這就是先民們歸納節氣特點的真正內在需要。所以說，二十四節氣的最大作用，莫過於對農業的指導。

二十四節氣就是「天時」的代表。在古代的中原，也就是今天的黃河中下游地區，農業文明之所以能夠不斷地發展，歸功於人們對「天時」的準確認識。在先秦的「諸子百家」中，其中有一派便是「農家」。按今天的話來說，就是專門從事農業生產研究的學問家，他們提出「貴農」的思想，特別重視農業生產，對土壤的質地、施肥的方法、播種的季節、農田的管理等，都有許多論述，甚至形成了一本專門的農學著作——《后稷農書》。雖然此書早已失傳，但從《管子》、《荀子》、《呂氏春秋》等書中還能窺見一鱗半爪。例如《荀子》中提出了要「積地力於田疇，必且糞溉」，也就是說要採取「多糞肥田」的方式來改造土壤，再充分利用氣候

41

圖 2-7　《牛耕》，北魏畫像磚

的條件，進行精耕細作，就能夠「一歲而再獲之」，也就是能夠做到一年兩熟。肥沃的土地再加上順應天時，是農耕的法寶。正如《韓非子》所說：「非天時，雖十堯而不能冬生一穗。」有十個像堯那樣的聖人又有什麼用呢？他能讓冬天長出一株麥穗來嗎？當然不能。這種「以農為本」的思想，於北齊賈思勰的《齊民要術》裏說得更加清楚：「順天時，量地利，則用力少而成功多；任情反道，勞而無獲。」所以農業生產的第一要務就是明天時，知節氣。（圖 2-7）

　　中國的農民大多不識字，關於節氣的知識主要是靠一代一代地口耳相傳，這就是歷史悠久，流傳極廣的「農諺」。這些諺語雖然在文人學士的眼裏毫無文采可言，但它們朗朗上口、通俗易懂，更重要的是準確精當，可以直接指導農業生產。幾千年來的農業文明之所以能夠不斷延續，也許跟這些農諺是分不開的。而其中的核心部分，便是關於節氣的內容。正如古老相傳的諺語：不懂二十四節氣，不會管園種田地。

　　俗話說「一年之計在於春」。在經歷了漫長冬季的休養生息之後，勤

勞的農民在春天將到未到之時，便要著手準備一年的生計。首先是準備好
耕牛，就像農諺所說：「春打六九頭，七九、八九就使牛。」九九未盡之時，
便要對耕牛精心養護。耕牛對農民來說，是第一生產力。種田要精耕細作，
所以春天降臨之際，第一件事就是餵好牛，磨好犁。不管春寒雨颼颼，有
時還會飄來一場春雪，但無論如何，農時可是耽誤不起的，從立春開始，
家中的男丁們就要下地了。

　　立春，標誌著大地復甦，萬物萌生。立春一日，百草回芽。不過十來天，
春雨悄然而至，土地得到滋潤，呈現出勃然生機。「春雷響，萬物長」，
驚蟄，是春耕開始的日子。唐詩有云：「微雨眾卉新，一雷驚蟄始。田家
幾日閒，耕種從此起。」農諺也說：「過了驚蟄節，春耕不能歇」、「九
盡楊花開，農活一齊來」首先要耕田犁地，萬物土中生，要得寶，土裏找。
祖上傳下來的精耕細作是法寶。「驚蟄不耙地，好比蒸饃走了氣」這個比
喻十分貼切，蒸饃要是走氣，蒸出來的是夾生饃，耙地要是耙得不及時或
是不透，土地的水分就要蒸發，水和肥料都留不住，種出來的莊稼也不會
豐實。（圖 2-8）

圖 2-8　《春耕》局部，清
代《耕織圖》

《耕織圖》是我國古代所
特有的一種將農業生產過
程繪成連環畫，並配以詩
文加以說明的圖。

圖2-9 《播種》局部，
清代《耕織圖》

圖2-10 《插秧》局
部，清代《耕織圖》

　　「清明前後，種瓜點豆。」這是一個播種的節氣。大江南北長城內外，稻田裏已是一片繁忙。早稻栽插要及時，玉米、高粱、棉花都要適時播種上。芒種是很忙的節氣，「芒種不種，再種無用」、「芒種芒種，樣樣都種」，「芒種」與「忙種」諧音，人們一聽便能明白。（圖2-9）（圖2-10）

　　小暑、大暑，氣溫漸高，農民們可以在綠樹濃蔭下稍事休整了。「立

圖 2-11　《收割》局部，清代《耕織圖》

秋之日涼風至」，收穫的季節要來了。處暑已經是收穫中稻的大忙時節。
「白露天氣晴，穀米白如銀」過了秋分，又是秋收、秋耕和秋種的「三秋」
時節。春種一粒粟，秋收萬顆糧。忙碌與收穫的喜悅相伴，人們終年的勞
作，為的就是一個豐收的年景。（圖 2-11）（圖 2-12）（圖 2-13）

　　二十四節氣最早發源於黃河中下游地區，隨著歷史的變遷，逐漸傳播
到中國各個區域。各地的農諺反映的氣候現象略有不同。我們先看一首流
傳於黃河中原地區的農諺：

　　立春陽氣轉，雨水沿河邊，驚蟄烏鴉叫，春分地皮乾，

　　清明忙種麥，穀雨種大田；立夏鵝毛住，小滿雀來全，

　　芒種開了鏟，夏至不拿棉，小暑不算熱，大暑三伏天；

　　立秋忙打甸，處暑動刀鐮，白露煙上架，秋分不生田，

圖 2-12 《打場》局
部，清代《耕織圖》

圖 2-13 《收倉》局部，
清代《耕織圖》

46

寒露不算冷，霜降變了天；立冬交十月，小雪地封嚴，

大雪江封上，冬至不行船，小寒近臘月，大寒整一年。

這首《二十四節氣氣候農事歌》，簡明地表達了農民一年四季的生活，既有氣候特徵的描述，又有農事的指導，非常實用。而下面這首流傳於淮河流域的農諺，則又有地域上的特色：

一月有兩節，一節十五天；立春天氣暖，雨水糞送完；

驚蟄快耙地，春分犁不閒；清明多栽樹，穀雨要種田；

立夏點瓜豆，小滿不種棉；芒種收新麥，夏至快犁田；

小暑不算熱，大暑是伏天；立秋種白菜，處暑摘新棉；

白露要打棗，秋分種麥田；寒露收割罷，霜降把地翻；

立冬起完菜，小雪犁耙閒；大雪天已冷，冬至換長天；

小寒快買辦，大寒過新年。

其實，各地的農諺由於氣候的不同，及所種作物的不同，都會有很大的差別，這正是農民們多年以來的經驗總結。世世輩輩的中國農民，正是靠著這種口耳相傳的諺語，年年耕作，歲歲收穫，所以說，「種田無定例，全靠看節氣」，對中國這樣一個農耕社會來說，節氣的重要性不言而喻。

潤物的歌訣

中國節氣

③

調和陰陽

——節氣與曆法

▌中國農曆

　　說到曆法，人們自然會想起中國的農曆。雖然我們現行的是國際通用的西曆，也叫格列高利曆，但中國人的曆書中往往保留了另一套傳統曆法，也就是農曆。在很多人的心目中，二十四節氣似乎是和農曆畫上等號的，其實這是一種誤解。雖然曆法的編訂看起來比節氣的最後確定（西漢年間）要更早，但實際上，中國的曆法從最初的起源，便離不開節氣。（圖 3-1）

　　司馬遷的《史記》裏有一篇《天官書》，是研究漢代以前天文學最爲重要的史料。其中有一句說道：「吳楚之疆，候在熒惑（火星），占於鳥衡（柳星）。」吳楚是南方，當時是炎帝的疆域。當時南方的先民已經在「物候曆」的基礎上有所發

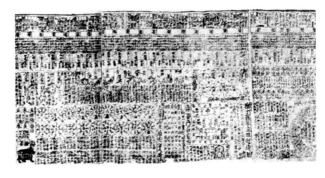

圖 3-1　唐代曆書，唐僖宗乾符四年（877 年），英國大不列顛博物館藏

中國現存最早的印本曆書。

49

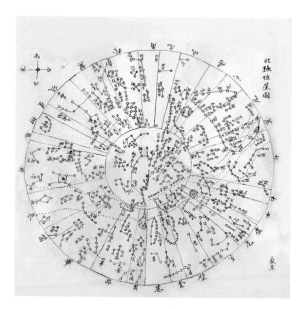

圖 3-2　清抄本《天文圖》

該圖表現了中國古代天文學的
三垣五星二十八宿的星象體
系。右下角的「夏至」表示這
是夏至時的天象。

展。人們已經學會觀星，發現一年四季中，天上星宿的位置是不同的。這
樣發展出了三垣五星二十八宿的星象體系。南方的炎帝與北方的黃帝大戰
於阪泉之野，結果，黃帝獲得了勝利。這是農耕文明開創之初的一場大戰。
戰爭的結果改寫了中國的歷史，其中對農耕文明影響最大的一項，就是北
方的黃帝獲得了南方的天文曆法知識，從而建立起後來流傳千年的農曆。

（圖 3-2）

　　從本質上說，二十四節氣就是一部曆法。我們前面說過，遠古時代的
先民首先認識到的是一年四季的變化，然後是四時八節，最後才是二十四
節氣，如果把十五天作為一個週期，一個月有節氣、中氣，合起來是三十
天，一年十二個月，為三百六十天，與一個回歸年的三百六十五天只差了
五天，稍加調整，也可以形成一部曆法。但是，中國古人為什麼沒有採用
這種「陽曆」呢？

　　這是因為中國人對於月亮的陰晴圓缺格外重視。月亮的變化週期，對

先民來說，象徵著一個十分重要的循環。古人看到新月像一彎蛾眉，然後漸漸地豐滿，一天一天地長大、長圓，當一輪皎潔的圓月掛在夜空，人類自然地會生出某種感應，然後它又開始殘缺，最後消失。這種「晦、朔、弦、望」的過程，是一個自然的週期性循環，人們把它叫作「月」。新月長成半圓形，「其形一旁曲，一旁直，若張弓弦也」，所以叫作「弦」；長成了圓形，叫作「望」；以後又虧缺成半圓形，也叫作「弦」。「望」之前叫上弦，「望」之後叫下弦。接著變得細小以至消失，暗夜無光，叫作「晦」。過幾天，天上又出現了一勾新月，叫作「朔」。這就是「朔望月」。正如蘇東坡的名句：「人有悲歡離合，月有陰晴圓缺。」月亮的「晦、朔、弦、望」，對於人類來說，是十分明顯的天文現象，當然，也是一種不得不考慮的重要規律。（圖 3-3）

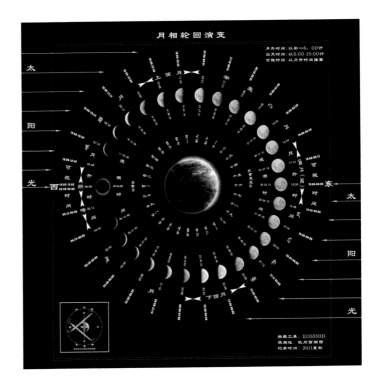

圖 3-3　月相變化示意圖

圖3-4　羅馬教皇格列高利十三世

1582年，教皇格列高利十三世在《儒略曆》的基礎上改革曆法，頒佈了《格列高利曆》，這就是我們今天通用的陽曆。

其實，如果單純從農業生產的角度來考慮，毫無疑問，以二十四氣爲骨架，純粹以太陽的運行規律來編製一個三百六十五天的太陽曆，更加易於反映氣候的變化與節氣的更替。西方雖然沒有發明二十四節氣，但他們根據太陽的運行也編製出了陽曆，也就是今天通行的西曆，又叫格列高利曆。（圖3-4）

中國古代的曆法走的是一條獨特的路，它是一種陰陽合曆。也就是說，既要考慮陽曆的節氣，又要考慮月亮的陰晴圓缺，把陰曆與陽曆調和在一起，編成曆表，被稱爲「農曆」。其中年的日數取自太陽的週期，即一個回歸年的長度，爲三百六十五又四分之一天，叫作「歲實」，而每個月的日子是月亮朔望的週期，大月三十天，小月二十九天，兩相協調編製出一個「陰陽合曆」來。但陰陽合曆有一個不可調和的矛盾，即月亮的週期與太陽的週期是無法吻合的。我們知道，月亮繞地球的運轉週期爲二十七點三二一六六天，地球繞太陽的運轉週期則爲三百六五點二四二二一六天，這兩個數互除不盡。這樣，以十二個月來配合二十四節氣的陰陽合曆始終存在著矛盾。雖然我們的祖先很早就採用了閏年、閏月的辦法來進行調整，但是置閏的方法非常繁複；而且，即使有了閏年、閏月的調整，曆日與節氣脫節的現象還是時有發生。一部曆法使用的時間稍長，便會出現節氣與上一年某月的日期越來越遠的問題。

這就是爲什麼中國古代的農曆中，每年二十四節氣都在不同的月份中的不

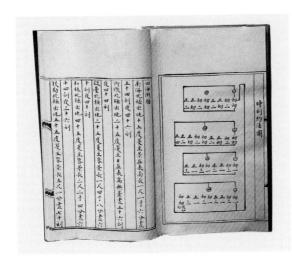

圖3-5　元代曆法《授時曆》(複製品)，北京首都博物館藏(孔
蘭平／攝)

郭守敬(1231—1316年)主持修訂的《授時曆》計算方法簡易，
準確度高，比現行西曆的使用早了三百年左右。

圖3-6　《崇禎曆書》書影

明代科學家徐光啓(1562—1633年)編著的《崇禎曆書》。
全書共四十六種一百三十七卷，分節次六目(日、恒星、月
離、日月交食、五緯星和五星凌犯)和基本五目(法原、法
數、法算、法器、會通)。

同日子，就像中國農曆中每年的春節，都會在不同的日子一樣。這也是中國古代的曆法經常要重新修訂的原因，比如西漢用《四分曆》、唐代有《大衍曆》、元代有《授時曆》，直到明末的徐光啓與傳教士共同修訂了《崇禎曆書》，中國的曆法中才有了西方的天文學。農曆因爲要考慮到陰曆與節氣的配合，所以才會不斷地變動，才會要計算閏月與閏年，使得修訂曆法成爲一項十分複雜的工程。

（圖3-5）（圖3-6）

53

▌節氣注曆

　　翻開任何一本「老黃曆」，你都會發現二十四節氣。曆法中必須在每個月標明二十四節氣所在的日子，這便是「節氣注曆」的傳統。所謂「注曆」，就是將節氣在曆日中的位置標注出來，沒有節氣的曆法，不稱爲曆法。由此也可以看出，節氣是曆法的基本要素。

　　在一個朔望月中有兩個節氣，在月首的是節氣，在月中的就叫中氣。比如農曆四月初的立夏叫作「四月節」，月中的小滿叫作「四月中」，後來隨著時間的推移，人們把節氣和中氣的概念簡化成節和氣，所以節氣一詞應是節和氣兩個概念。一年有二十四個節氣，計十二個節、十二個氣，即一月之內有一節一氣。以夏季爲例：立夏四月節，小滿四月氣；芒種五月節，夏至五月氣；小暑六月節，大暑六月氣。（圖 3-7）

　　在曆法的編製過程中，約每三十四個月（二年十個月），必遇二個月僅有節而無氣和有氣而無節。有節無氣的月份即農曆的閏月。即如農曆乙丑年，五月只有小暑這個「節」，而無大暑這個「氣」，就是閏月。閏月的設定完全是爲了遷就月亮週期而做的調整，後來人們發現，十九年間可

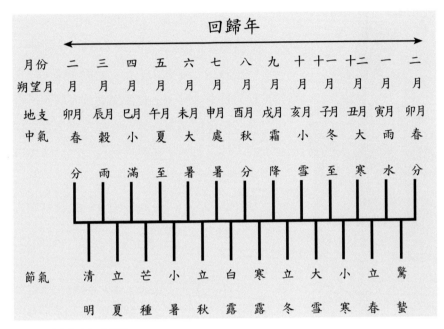

圖 3-7　節氣與中氣示意圖

以設置七個閏月，這樣便能使節氣與陰曆月相配合，以保證節氣在月份中的日子不至於差得太遠。

　　編訂曆法最關鍵的數據是冬至時刻的測定，其次便是歲實，也就是回歸年長度的測定。然後便是在一個朔望月內安排兩個節氣，即月首的節氣與月中的中氣。西元前一○四年，由鄧平等制定的《太初曆》，正式把二十四節氣訂於曆法，明確了二十四節氣的天文位置。自此以後，幾乎所有的曆法都承襲了這個傳統。而節氣的測定，對曆法的編製也是至關重要的。在漢代以後，一般採用的是「平氣法」。平氣法就是確定太陽在周天軌道上運行的規律為「日行一度」，這樣每一節氣之間的長度固定為十五點二天。但是後來人們發現太陽的視運動在一年中並不是均速的，而是在春分之後略慢，秋分之後較快，這就需要用計算來解決問題了。也就是說，

冬至附近的節氣相距時間較短，而夏至附近的節氣相距的時間較長，這叫作定氣法。但這種方法在曆法中並不反映出來，只是作爲計算中使用。從平氣法到定氣法，提高了節氣的測量精度，在曆法史上是一次較大的進步，這是從唐代僧一行的《大衍曆》開始的。（圖 3-8）

但是二十四節氣是按太陽在天空走過的大圓的二十四個等分角度來定義的，不是按一年二十四個等分時間來定義的，所以時間間隔並不相等，按近似的天數說，有的近似十五天，有的近似十六天。所以一年的月怎樣分才能既簡明，又足夠準確地表現二十四節氣，使它們排列得具有最簡單的規律，讓人容易記憶掌握，這是設計曆法的重要任務。

圖 3-8　僧一行（683—727 年），本名張遂，魏州昌樂（今河南省南樂縣）人。圖爲吉林白城華嚴寺塑像

唐代傑出天文學家，在世界上首次推算出子午線緯度一度之長，編製了《大衍曆》。

四季八節是二十四節氣的骨架，也是曆法的骨架。其他十六個節氣則是骨架上的枝條。它們的用處是天文四季通向氣象四季的橋樑。

今天，當我們翻開年曆，會發現二十四節氣標注在西曆日期之下。其實在中國的農曆中，朔望月是陰曆，而二十四節氣則代表了太陽的週期，所以屬於陽曆。中國古代的「陰陽合曆」是以節氣確定日與年，再加上月亮的週期，年、月、日三者放在一起，形成曆法的基本結構。當我們明白了二十四節氣的天文意義之後，就知道二十四節氣在曆法的編製中是多麼重要了。

▋曆法的革命

西元一○七二年，北宋大科學家沈括（圖 3-9）擔任了政府的提舉司天監，也就是皇家天文臺的臺長。沈括與那個時代其他的官員不同，他十分熱衷於自然科學知識。他晚年的筆記《夢溪筆談》可以說是古代中國的科技百科全書，像四大發明之一的「指南針」，就被記載在這部書裏。這位被英國著名的科學史家李約瑟（Joseph Needham）譽爲「中國科學史上的奇人」的北宋

圖 3-9　沈括（1031—1095 年），字存中，杭州錢塘（今浙江杭州）人

宋代傑出的科學家，於天文、方志、律曆、音樂、醫藥、卜算均有建樹。他曾出使契丹，將走過的山川道路，用木材製成立體模型。在物理學上對「磁偏角」、「凹面鏡」、「共振」等作出了自己的解釋與證明。化學上「石油」這一名稱，始於《夢溪筆談》，一直沿用至今。

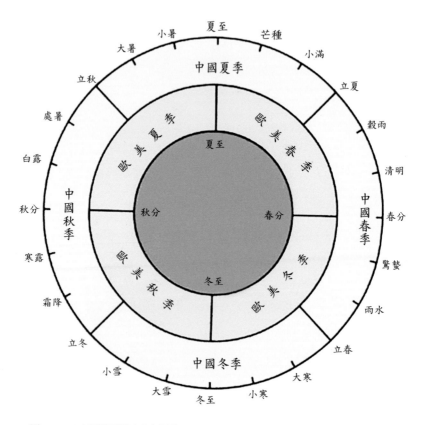

圖 3-10　二十四節氣與四季示意圖

科學家，執掌司天監之後，便開始了大刀闊斧的改革，並受宋神宗的委託，修訂新的曆法。作爲知識淵博的大學者，沈括當然熟知二十四節氣。當他受命重新修訂曆法的時候，早已經對歷代曆法進行了仔細的研究，發現當時曆法中的諸多問題。由於中國的農曆是陰陽合曆，需要協調太陽週期與月亮週期的矛盾，使得曆法的修訂一直面臨著合理置閏的問題。沈括非常清楚的是，年與月的矛盾，就是回歸年（歲實）與月亮週期（月建）的矛

盾。正像他說的：「閏生於不得已，猶構舍之用磚楔也。自此氣朔交爭，歲年錯亂，四時失位，算數繁猥。」而解決這一矛盾的最佳方法，就是取消陰曆的月，代之以陽曆的月，也就是以二十四節氣來代替月份。因此他便想做一個天文史上最重大的改革，即完全採用二十四節氣來排出一個新的曆表。但是司天監和朝廷的保守官員極力反對。因為在中國，天文曆法，向來被認為是國家最為重要的大事，而中國自春秋戰國以來，便以「月令」思想來統治國家，某月某日當行某事，是所謂的「祖宗舊制」，輕易改不得。傳統的力量如此巨大，在經歷了重重阻撓之後，他不得不放棄了那個革命性的曆法思想。

但在他晚年所著的《夢溪筆談補錄》裏，不無遺憾地記錄了那個冠絕古今的革命性的曆法思想—《十二氣曆》。這裏的「十二氣」，便是二十四節氣裏面的「十二節氣」。（圖 3-10）

沈括的想法很簡單，就是以十二節氣，作為一年十二個月的月首，而十二中氣，正好相隔十五或十六天，這樣二十四節氣便可以均勻地安排在每個月的月初及月中，可以形成一個以三十天為小月，三十一天為大月的，簡單而規則的十二個月，恰好合於一年三百六十五天之數，這就是地球繞太陽公轉一周的回歸年，古人稱為「歲實」。這個曆法既簡便，又合於天象，實在是一個創舉，而且在曆法中充分地體現了二十四節氣，即使是一個目不識丁的老農，也可以掌握。

稍微細心一點兒，你就可以發現，這個曆法與我們今天的西曆是如此相似！

我們前面已經說過，二十四節氣是根據太陽的視運動來劃分的，那麼《十二節氣》制訂曆法的原則，便是一種純粹的太陽曆。

沈括的曆法思想簡單實用，且很有規律。它是二十四節氣的具體運用，因為從本質上講，二十四節氣還可以被看成是一個簡單的農事曆。

圖 3-11 《夢溪筆談》，大約成書於 1086—1093 年，沈括著，明汲古閣刻本書影，中國國家博物館展（孔蘭平／攝）

《夢溪筆談》共有三十卷，分十七類六百零九條，共十餘萬字，涉及古代自然科學所有的領域。

沈括的這種思想，也許是得益於由他推薦引入司天監的民間盲人天文學家衛樸。衛樸是一個奇人，他能夠背誦一種叫作「旁通曆」的民間曆法，沈括在《夢溪筆談》是這樣描述衛樸的神奇曆術的：「『傍通曆』（即「旁通曆」）則縱橫誦之。嘗令人寫曆書，寫訖，令附耳讀之，有差一算者，讀至其處，則曰：『此誤某字。』其精如此。」這種「旁通曆」，實際上是流傳於佛教及道教中的以二十八宿來注曆的民間曆法，因為它排列規整，可以形成一個可以縱橫誦之的曆表，所以盲人衛樸才能夠以此來精確地推算曆日。（圖 3-11）

沈括和衛樸在司天監最終修訂了一份使用時間極短的《奉元曆》，這份曆書的前面有沈括的序言，可惜已經失傳了。我們無法得知，沈括究竟做了怎樣的改革。

僅就他晚年的筆記，我們也能夠瞭解《十二氣曆》的原則。

沈括自己舉了一個例子來說明他的《十二氣曆》，他說：「藉以元祐元年為法，當孟春小，一日壬寅，三日望，十九日朔；仲春大，一日壬申，三日望，十八日朔。如此曆日，豈不簡易端平，上符天運，無補綴之勞？」這段話是說，如果以元祐元年為例，立春日為每年的正月一日，春天分為孟春、仲春、季春，大小月間隔，大月為三十一天，小月為三十天，每月配二個節氣，形成一個十二個月，二十四個節氣，三百六十五天的新曆法，而月亮的陰晴圓缺，則以「注解」的方式寫在曆表中。這樣的曆法，真正做到了合於天象，又能夠指導農時，是真正地以二十四節氣作為制訂曆法原則的太陽曆。

這樣的好曆法，竟然無法施用，真令人扼腕歎息。沈括最後在筆記中說：

「今此曆論，尤當取怪怒攻罵，然異時必有用予之說者。」

這個預言竟然果真實現了。清朝晚期的太平天國政權頒佈的「天曆」，

其原理竟然與《十二氣曆》完全一致。不僅在中國，就是二十世紀三十年代英國氣象局頒行的用於農業氣候統計的《耐普爾‧肖曆》，也是節氣位置相對固定的純陽曆，其實質與十二氣曆也是一樣的。很顯然，《十二氣曆》是一種非常先進的曆法，甚至在月份的設置上比現行西曆更爲合理。這是中國與世界曆法史上的一次革命性突破。

沈括的《十二氣曆》雖然沒有得到實行，但他的這種以節氣制訂曆法的思想，確實是非常具有革命性的。這也反映了二十四節氣在曆法中的重要作用。（圖 3-12）

值得一提的是，雖然在八節之間插入十六個節氣，形成二十四節氣，是用來描述中國黃河流域的氣象和物候的，但其實它是可以在任何地區都通用的，世界任何地區都可根據各地的氣象和物候特徵模仿爲這十六個節氣取適當的名稱，就像世界時和地區時的關係一樣。所以，以全球的眼光來看，二十四節氣實際上全世界都能夠適用。

圖 3-12　紫檀北極恒星圖時辰節氣鐘，清光緒年間（1875—1908 年），中國蘇州製造，北京故宮博物院藏（孔蘭平／攝）

潤物的歌詠
中國節氣

④

萬物交感

——節氣與物候

▋ 物有其時

在古人的觀念裏，天地之間，元氣充盈，陰陽消長，四時行焉，萬物生焉。宇宙天地與人間萬物，存在著某種看不見、摸不著，但又奇妙地互相影響、互相牽制的關係，這就是感應的思想。彷彿有一隻看不見的手，在暗地裏操縱著地上的一切生命體，這種潛在的自然力量，莫不與節氣的規律有著密切關係。

古人很早就感知並研究大自然的變化規律，其中最原始的，也是最直接的就是物候的變化。我們前面說過，節氣起源於先民對物候的觀察，後來又結合了天文實測，才最終確定。這些成就，都體現了遠古時期的萬物交感思想。就像磁石能夠吸鐵、玳瑁能夠拾芥，天地萬物之間，存在著某種特殊的感應力，而在自然現象中，陰陽之氣的盈虛消長，在物候的變化上能夠得到最明顯的反映。所以說，物候是大自然規律的語言密碼。《詩經》有言：「物其有矣，唯其時矣。」說的正是這種規律性的物候變化。（圖 4-1）

中國古代關於物候與天時的最早且較為詳盡的記載當推《夏小正》。

65

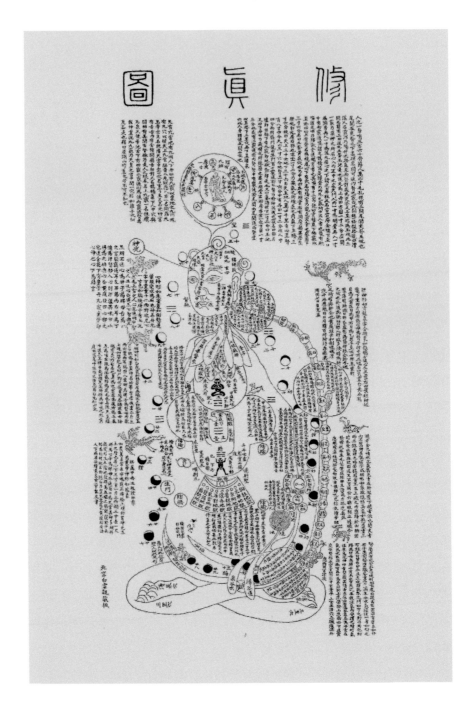

66

圖 4-1　體現天人合一思想的《修眞圖》

《修眞圖》是古人在若干歲月中經過實踐總結出來的完整的修眞理論，它以獨特的理論體系，剖析了修眞的概要，揭示了天人合一的奧秘。圖中人體脊柱上標有二十四節氣的名稱，表示練功養生要與天時相合。

夏小正傳箋

漢信都大傅戴德延君傳　歸安沈秉成箋

夏小正

傳何以謂之小正以小著名也陰陽生物之候王事之次則夏之月令也

箋夏者代號小正授時之書謂之正者陰陽代興不忒其次乃宇宙之大綱不易之正道禹奉厤數之命作瑞厤夏時頒之邦國其言天象政令者謂之大正以告有位其言人統物候者謂之小正以告庶民

正月

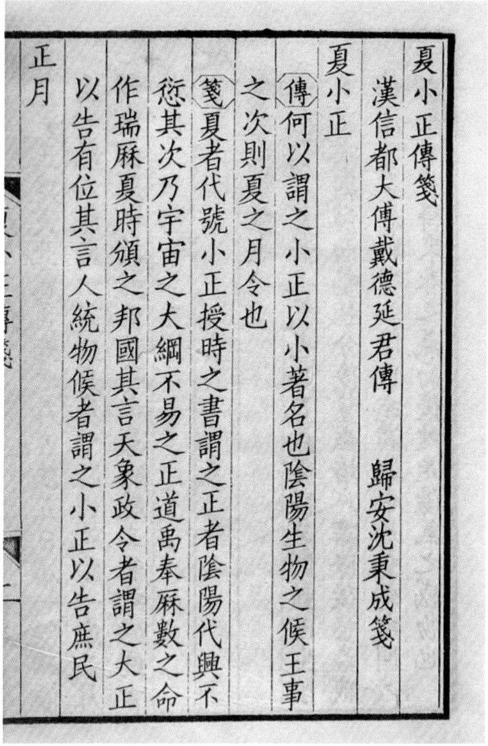

圖 4-2　《夏小正傳箋》書影

《夏小正》是中國古代關於物候與天時記載最早且較爲詳盡的典籍。

我們先來看一段《夏小正》關於正月的記載：「正月，啓蟄。雁北鄉，雉震响，魚陟負冰，農緯厥耒。初歲祭耒，始用暘，時有俊風，寒日滌凍塗，田鼠出，農率均田，獺祭魚，鷹則爲鳩，農及雪澤，初服於公田，采芸，鞠則見，初昏參中，斗柄縣在下，柳稊，梅、杏、杝桃則華，緹縞，雞桴粥。」（圖 4-2）

短短的一段文字，既有天文與氣象知識，也有農事活動的描述，最有價值的則是關於物候的準確觀察。

先來看看《夏小正》對物候的描寫：「啓蟄」是說正月裏，冬眠的小動物如蛇蟲之類已經甦醒了；「雁北鄉」是指大雁往北成群結隊地飛去；（圖 4-3）「雉震响」是說野雞開始振翅鳴叫；春天要來了，水溫開始上升，

圖 4-3　候鳥的遷徙

候鳥的遷徙反映了鳥類對節氣和棲息環境變
化的感知，是典型的物候現象。

　　魚兒能夠感知水溫的變化，從水下向水面游動，但這時水面仍有薄冰，魚
上浮的時候會拱起薄薄的冰層，所以說是「魚陟負冰」；「田鼠出」是說
田間的田鼠也開始出洞活動了；「獺祭魚」描繪的是一種特殊的現象，立
春時水獺開始捕食魚類，並把捕到的魚擱置在水邊，好像祭祀似的；（圖 4-4）
「鷹則為鳩」從字面上來理解是鷹化為鳩，其實這是一種誤解，鷹和鳩都
是候鳥，來去有一定時期，所以應解釋為鷹去鳩來；「柳稊」是說正月裏
柳樹開始發芽，生出細小的柔荑；「梅、杏、杝桃則華」是指梅、杏、山
桃在早春已有蓓蕾初綻；「緹」是結實的意思，「縞」是一種莎草，這裏
的記述可能有觀察上的誤差，縞草的花序和果實相似，不易分清，應該是
已經生出花序；「雞桴粥」是說母雞又開始下蛋了。

　　　　再來看看其中的氣候現象：時有俊風，是說正月裏常有和風吹來，雖

然還有寒意，但田野裏的凍土開始消融了，這就是「寒日滌凍塗」一句的意思。

《夏小正》裏還記述了一些天象：如「鞠則見」，是指天空又看到鞠星了；而黃昏的時候，可以看到二十八宿之一的「參」宿在南方上空，而北斗七星的斗柄是指向下方的，這就是「初昏參中，斗柄縣在下」一句所記錄的當時的實際天象。

圖 4-4 東方小爪水獺（梁傑明／攝）

獺祭魚被作為一種季候現象來描述節氣，是驚蟄的第一候。《夏小正》裏也有記載。

69

圖 4-5 《春牛圖》，清代光緒二十六年（1900
年）曆本

　　關於農事活動，則有以下記載：「農緯厥耒」是指修理農具耒耜；「農
率均田」是指整理農田的疆界，反映了上古的均田制；「農及雪澤，初服
於公田」是指這時田裏的雪尚未全融，要進行田畝的分配。

　　關於祭祀活動也有描寫：「初歲祭耒，始用暘」是說年初要祭耕田的
用具，準備春耕；「采芸」是指採摘供祭祀用的芸菜。（圖 4-5）

　　以上列舉的只是《夏小正》全書的一部分，《夏小正》記載的物候現
象有六十餘種，涉及動物的三十七條，植物的十八條，非生物如風、雨、旱、
凍等現象十五條，這表明遠在三千年前，我國的先民們對物候、天象、農
事的掌握已經相當令人驚訝了。對草木蟲魚、鳥獸家禽各種生物的活動都

有較為詳細的觀察，而且把物候和農事並列，體現了當時的「貴農」思想，對農時的指導之意十分明顯。《夏小正》這部書，可以說是遠古時代的一本「物候曆」，今天只存有四百餘字，但它是按照月份的體系描述的，已將天文、物候等編製在一個天人相應的知識體系當中，體現了人們對自然現象規律的某種探察。《夏小正》中所記載的天象是真實的，但其中的月份體系，究竟是陰曆的月，還是陽曆的月，學者們至今仍有爭論，隨著研究的不斷深入，似乎越來越多的學者相信《夏小正》實際是一部太陽曆。我們知道物候的變化跟月亮週期關係不大，更主要的是與太陽週期密切相關。也就是說，物候跟節氣是分不開的。物有其時，節氣就是物候變化的時間節點，到了一定的節氣，就會出現相應的物候變化。《夏小正》雖然沒有記載節氣的名稱，但它所體現的，正是節氣與物候的內在規律。（圖 4-6）

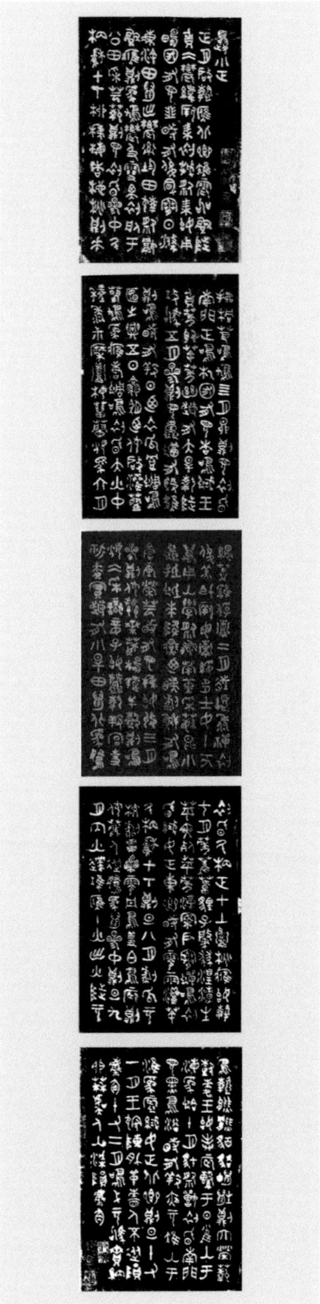

圖 4-6　籀文《夏小正》

因原稿散佚等問題，《夏小正》成稿年代爭議較大。但一般認為最晚在春秋時期，《史記》中對此有記載。

七十二候

　　成書於春秋時期的《禮記・月令》，對物候學有了進一步的完善。所謂《月令》，就是每月的氣象物候及天象與人事的排列。同時代可能稍晚的《逸周書・時訓解》，則完整地記載了與二十四節氣相對應的物候七十二條，這就形成了一個較爲完整的「七十二候」。《呂氏春秋》的記載更爲詳盡，由此可見，幾乎與二十四節氣同時，七十二候的學說也在春秋戰國時期臻於成熟。這種穩定的排列在古代相當長的一段時間裏，被認爲是天人相應的自然之理。後人還把音律、卦象等與之配合，形成一套較爲複雜的物候學說。漢代以後，很多農書以二十四節氣和七十二

圖 4-7　七十二候圖——東風解凍，民國石拓本

東風解凍，立春初候，陽和至而堅凝散也。

候爲中心，制定出了各種農事曆、田家曆、田家月令、每月栽種書等既能反映物候與氣象，又非常實用的民間曆書，及至後來，官方頒佈的曆書，也將七十二候編了進去。由此可見，以七十二候爲代表的物候學說，一直被視爲天經地義的自然學說而備受推崇。（圖 4-7）

最具代表性的當屬元代王禎所作的《授時指掌活法之圖》（圖 4-8），該圖共有八圈，由內向外，最裏層是北斗星斗杓的指向，然後依次爲天干、地支、四季、十二個月、二十四節氣、七十二候，以及各物候所指示的應該進行的農事活動。

七十二候，實際上是二十四節氣的一種擴充，正如宋代王應麟的《玉海》裏所說：五日一候，三候一氣，故一歲有二十四節氣。也就是說，每月有兩個節氣，每一個節氣有三候，每候五天，全年一共是七十二候。

七十二候的候應，主體是生物現象，如蟄蟲始振是驚蟄，鴻雁來，是指候鳥的遷徙的規律，春分時節有「玄鳥至」，是指燕子從南方飛來。我們可以來看一看立春的三候：

一候東風解凍；二候蟄蟲始振；三候魚陟負冰。這是說立春之後的第一個五天裏東風送暖，大地開始解凍。第二個五日，蟄居的蟲類慢慢在洞中甦醒，再過五日，河裏的冰開始融化，魚從深

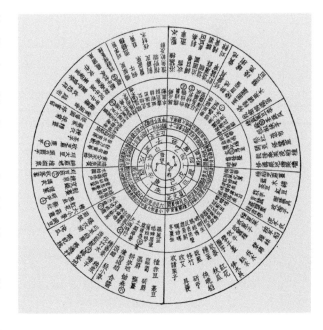

圖 4-8　王禎《授時指掌活法之圖》

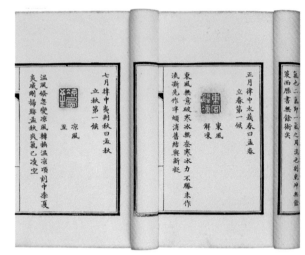

圖4-9　七十二候印部分書影

原譜係明清之際著名印人何震所刻。七十二候的學說在春秋時期臻於成熟。這種穩定的排列在古代相當長的一段時間裏，被認為是天人相應的自然之理，因此備受推崇。

水往上浮，要到水面上游動，但此時水面上還有沒完全融解的碎冰片，那景象就如同被魚負著一般，漂浮在水面。這第一候，與前面我們說過的《夏小正》的記載完全一致，承續之跡顯而易見。　（圖4-9）

七十二候中，有對候鳥的記錄，如燕子（玄鳥）春去秋來，鴻雁冬來夏往，是十分準確的；而蟬（即蜩）、蚯蚓、蛙（即螻蟈）等昆蟲的活動，隨著節氣隱現，也有其規律性；動物的蟄眠、復甦、始鳴、繁育、遷徙等，都與節氣相關。另外，還有對植物的萌芽、發葉、開花、結果、葉黃和葉落的記錄。當然其中也有一些不符合實際的地方，比如腐草化螢之類，是當時的觀察手段所限，無法也不可能完全認識清楚。以一氣分三候，以五日為一候，這種分法雖然整齊好記，但畢竟有人為的痕跡，對於中國某些地區來說，不能十分符合當地的氣象物候的實際情況，當然，古人的認識畢竟是有局限性的。不管怎麼說，這種研究物候的方法，毫無疑問是來源於對自然規律的細緻觀察，自有其科學價值。

當人們把七十二候與易經八卦干支節氣聯繫起來看待時，天地感應的

思想已經形成了一個較爲成熟的理論系統了。以今天現代人的眼光來看，這種機械的排列必然會導致失實，但從歷史的眼光來看，至少當時的人們已經在做某種生物學、物候學上的理論構架了。七十二候不僅有生物的物候，也有人，有天象，有四時，有五行，更重要的是有二十四節氣。節氣在這裏，是較爲關鍵的一個要素，就像是開啓機器的一把鑰匙，天地陰陽四時五行一旦啓動，便會按照某種規律去運轉。人們編製各種各樣的七十二候圖，也許正是想尋找那把開啓天地人奧秘的鑰匙，無論如何，我們應該對古人的這種探索精神表達應有的敬意。（圖 4-10）

圖 4-10　十二月卦與七十二候圖

十二月卦與七十二候圖是根據《易學大辭典》的《卦氣圓圖》繪製。體現十二月卦，每卦六爻表示「物候」的變化。十二卦共七十二爻，每爻表示一候，即爲每年的「七十二候」。也就是用「爻」表示每年氣候「周而復始，生生不息」的自然變化規律。

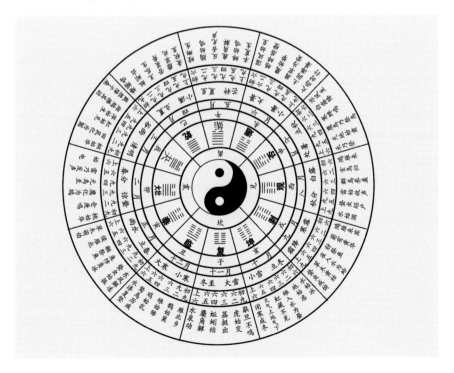

▌ 雜節氣與花信風

　　我們經常聽到一句形容練功刻苦的話：「冬練三九，夏練三伏。」這三九指的是數九寒天，三伏是指夏天的頭伏、二伏與三伏。常言道：「冷在三九，熱在中伏。」這「九」與「伏」，是指一段特定的極端氣候，它們雖然不是二十四節氣之一，但卻與節氣有著非常密切的關係，人們稱之為「雜節氣」，它們是對二十四節氣的一種補充。

　　三伏是一年中最熱的日子，陰氣被陽氣所逼，潛伏於下，再者人們由於暑熱難當，需要隱伏以避暑，故而得名。入伏是從夏至後的第三個庚日算起的，第一個十天，叫頭伏或初伏，其次十天為中伏或二伏，立秋後第一個庚日算起，往後的十天叫三伏或者末伏。

　　這裏的「庚日」，是指干支紀日逢庚的日子。天干共十個，甲乙丙丁戊己庚辛壬癸，配以地支子丑寅卯辰巳午未申酉戌亥，既可以紀年，也用於紀月與日。六十甲子中共有六個庚日，每個庚日相隔十天。

　　其實三伏不一定正好是三十天，有的年份中伏有二十天，三伏加起來可有四十天。在陰陽五行家那裏，三伏被稱為「長夏」，一年被分為春、夏、

長夏、秋、冬五個時段，正好與木火土金水相配。

伏天的日子並不在每年的固定日期，一般在陽曆的七月中旬到八月中旬，而在農曆中，則要按照干支去數日子了。伏天是一年中最熱的時間，古代曆書安排三伏，正是要提醒人們注意避暑。

九九則是從冬至這一天開始，數九九八十一天，經歷了由冷變寒，由寒回暖的過程。一般是從陽曆十二月二十二日或二十三日冬至這一天算起，到驚蟄的前兩至三天結束。民間流傳的九九歌，非常形象地反映了氣溫的變化。比如流傳於黃河流域的九九歌是這樣的：

一九二九不出手（天氣冷了），三九四九冰上走（結冰了），

五九六九沿河看柳（柳樹發芽），七九河開（江河解凍），八九雁來，

九九耕牛滿地走。

九九八十一天，前後經過了冬至、小寒、大寒、立春、雨水約五個節氣，其中既有氣象，也有物候和農時。

在江淮流域及江南大部地區，夏天還有一個梅雨天，俗稱入梅和出梅。這段時間陰沉多雨，氣溫高，濕度大，器物容易發霉，所以叫梅雨天。因為這時江南正逢梅子成熟時節，人們又稱之為黃梅天或梅雨，給發霉的心情平添了些許詩意。入梅的那一天按明代馮應京編撰的《月令廣義》的說法是「芒種後逢丙入梅，小暑後逢未出梅」，一般總在陽曆六月六日到十五日之間入梅，因為丙是天干，以十為基數；出梅一般是在七月八日到十九日之間，未是地支，以十二為基數。而在農曆，則需要根據曆書去查找了。

這些「雜節氣」既與二十四節氣分不開，又形成了獨特的週期，反映了特殊的氣象，它們在民間廣為流傳，好記好懂，是人們生活的指南。

宋代詩人徐俯曾寫過一首《春日》的詩，其中有一句廣為流傳：「一百五十日寒食雨，二十四番花信風。」是說冬至後一百五十天是寒食，正好是清明的前一天。這時春雨霏霏，天氣清明。寒食也是一個「雜節氣」，這一

圖 4-11　二十四根節氣柱，北京

節氣柱上雕刻著精美的二十四番花信風圖案，柱子頂端的花球是二十四節氣的物候花，代表每個節氣的花種，每根節氣柱上均刻有該節氣的介紹和歌謠，雕刻著代表節氣特點的圖案。

天人們不能舉火，只能吃冷食。而花信風則是指節令與物候相應，風應花期，信風就是報信之風。它們每年定期而至，預示著節令物候現象即將發生。而花信，則是以花開作為標示的時令物候。百花先得春消息，爭奇鬥豔漸次開。人們挑選一種花期最準確的花為代表，叫作這一節氣的花信風，意即帶來開花音訊的風候。（圖 4-11）

其實，花信風也是雜節氣的一種。如果說三伏與九九代表的是自然的冷酷與暴烈，那麼花信風則代表了自然的詩意與浪漫。

據南朝宗懍《荊楚歲時說》：「始梅花，終楝花，凡二十四番花信風。自小寒至穀雨共八氣（八個節氣），一百二十日，每五日為一候，計二十四候，每候應一種花信。」每一候花信風便是某種當令的花開放的時期。到了穀雨前後，就百花盛開，萬紫千紅，四處飄香，春滿大地。楝花排在最後，表明楝花開罷，花事已了。經過二十四番花信風之後，以立夏為起點的夏季便來臨了。

由於各地的花色不同，氣候有異，花信風有不同的版本，流傳最廣的是：

小寒：一候梅花，二候山茶，三候水仙；

大寒：一候瑞香，二候蘭花，三候山礬；

立春：一候迎春，二候櫻桃，三候望春；

雨水：一候菜花，二候杏花，三候李花；

驚蟄：一候桃花，二候棣棠，三候薔薇；

春分：一候海棠，二候梨花，三候木蘭；

清明：一候桐花，二候麥花，三候柳花；

穀雨：一候牡丹，二候酴醾，三候楝花。〔圖 4-12〕

百花爭豔，萬紫千紅，二十四番花信，如期而來，應時綻放，這些花兒開到穀雨便停下了嗎？其實不然。四季之中，還有夏花之絢爛，秋花之靜美，如八月桂花香，九月菊花開。所以人們又編成了「十二姐妹花」的歌謠：

正月梅花凌寒開，二月杏花滿枝來。

三月桃花映綠水，四月薔薇滿籬臺。

五月榴花火似紅，六月荷花灑池臺。

七月鳳仙展奇葩，八月桂花遍地開。

九月菊花競怒放，十月芙蓉攜春來。

十一月水仙凌波開，十二月蠟梅報春來。

這種每月一花做主的編法，又不禁讓人想起了那段著名的評劇唱段——《報花名》：

花開四季皆應景，俱是天生地造成，

春季裏風吹萬物生，花紅葉綠，好心情，

桃花豔，梨花濃，杏花茂盛，撲人面的楊花飛滿城⋯⋯

再聯想開去，你會想到杜麗娘的「遊園驚夢」、林黛玉的「焚稿葬花」⋯⋯

原來姹紫嫣紅開遍，似這般都付與斷井頹垣。花猶如此，人何以堪？卻又是人與花的感應，心與自然的相通，她二人的共同之處，不外是「一生兒愛好是天然」。

人與自然之間，本來就是相通的。就像《牡丹亭》的唱詞：「似這般花花草草惹人愛，生生死死由人怨⋯⋯」

花鳥禽魚，草木桑蠶，無不與天地陰陽、四時節氣共生共榮，同盛同衰。生命，就是這樣完成了一個又一個輪迴的過程。

圖 4-12　二十四番花信風

小寒：一候梅花，二候山茶，

三候水仙。

大寒：一候瑞香，

二候蘭花，三候山礬。

立春：一候迎春，二候櫻桃，

三候望春。

雨水：一候菜花，

二候杏花，三候李花。

81

驚蟄：一候桃花，二候棣棠，

三候薔薇。

春分：一候海棠，

二候梨花，三候木蘭。

清明：一候桐花，二候麥花，

三候柳花。

穀雨：一候牡丹，

二候酴醾，三候楝花。

潤物的
歌訣
中國節氣

⑤

天人合一
——節氣與養生

▍養生的原則

國學大師季羨林曾經說過：天
人合一是中國文化的最高境界。
天行四時，四氣分八節，再分為
二十四節氣，所以說節氣代表的就
是「天行之道」。天行有時，天道
循環，萬事萬物受制於天，而人是
萬物之靈長，毫無疑問，節氣對人
的生命也起著至關重要的作用，這
就是天人合一。我們中國先賢們在
這方面的智慧，也是獨一無二，舉
世無雙的。沒有哪種文化，也沒有
哪種醫學，像我們的中醫這樣，注
重天人相應的關係，提倡天人合一
的養生之道。（圖 5-1）

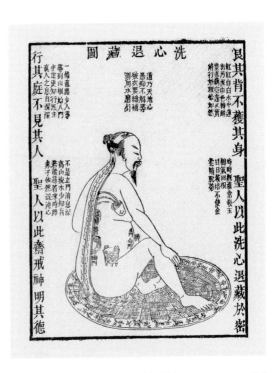

圖 5-1　《洗心退藏圖》，中國道家古圖

85

　　中國古代的諸多傳統之中，在今天仍然被廣泛運用的，似乎只有兩個，一是二十四節氣；二是中醫。節氣與中醫，可以看成是傳統文化的「活化石」。二者之間，如影相隨。氣乃天道，醫乃人道，天人一體，相應相合。就像《黃帝內經》所說的：「人以天地之氣生，四時之法成。」人的生命與大地上其他生命一樣，都要遵循節氣的法則。（圖 5-2）

　　也許很多人兒時的記憶裏，冬至那一天，是一個極為特別的日子。那一天，家裏的祖父叔伯們，會聚在一起，吃一頓紅燜狗肉。狗肉的香氣在冬日的清冷中飄蕩在堂屋裏，惹得孩子們口水直流。沒成家的男孩們是吃不得的，老人們會拿起筷子趕走饞得忍不住要偷吃的孩子們：狗肉是大補的，小孩子吃了要流鼻血的！後來，待到長大了，老人才會告訴你，狗肉是壯陽的，而且屬於血肉有情之品，是補品當中最有效的一種，吃了可以補腎壯陽。至於為什麼是在冬至那天吃呢？那是因為老話說「冬至一陽生」，這時吃了，效果是加倍地好！

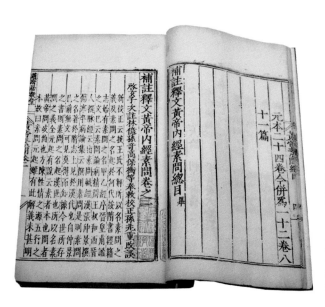

圖 5-2　《補註釋文黃帝內經‧素問》，明刊本，中國國家博物館古代中國陳列展（孔蘭平／攝）

《黃帝內經》是中國歷史上第一部有系統的醫學著作。該書總結了秦漢以前的醫學經驗，提出了臟腑經絡學說和病因學說，奠定了中醫學的理論基礎。

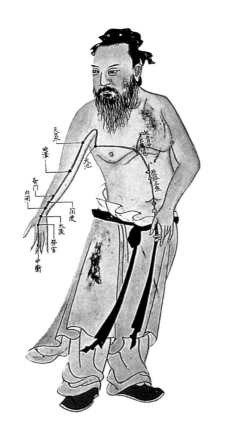

圖 5-3 《針灸穴位圖》，
18 世紀繪畫

針灸是廣爲人知的傳統中
醫療法，這幅圖展示了多
個控制心臟疾病和性器官
疾病的穴位。

　　節氣、陽氣、腎氣，這些神秘的名詞，彷彿有著某種神秘的力量，讓
人回味不已，興歎不休。冬至這一天，南方吃狗肉，北方吃羊肉，都是爲
了一個目的──壯陽。冬至這一天，天地陰陽之氣到了一個轉換的樞機，
陰氣極盛而轉弱，陽氣極弱而轉強，這就是「冬至一陽生」，也稱「子時
一陽生」，因爲冬至在一年當中，就是一個陽氣始生的「子時」。所以，
冬至是一個關鍵的時刻，尤其對於男人而言，陽氣就是腎火之氣。所以，
要補腎壯陽。這種樸素的理論，一點也不難理解。

　　天地有陰陽，人身有精血，天地有五行，人身有五臟。天與人之間，
竟是有著某種天然的聯繫。這就是中醫學的奇妙之處。（圖 5-3）

87

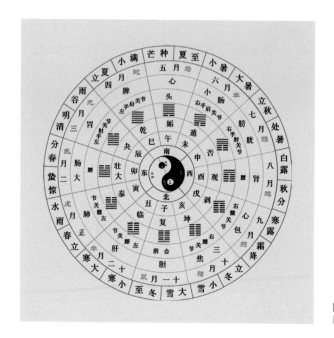

圖 5-4　天人合一的養生
原則，示意圖

　　中醫是一種自然醫學，無論是治病，還是養生，遵守的是同一個原則：
天人相應。

　　天人相應在《淮南子・精神訓》有非常清晰的描述：「夫精神者，所
受於天也；而形體者，所稟於地也。」、「故頭之圓也象天，足之方也象
地。天有四時、五行、九解、三百六十六日，人亦有四支、五藏、九竅、
三百六十六節。天有風雨寒暑，人亦有取與喜怒。故膽爲雲，肺爲氣，肝
爲風，腎爲雨，脾爲雷，以與天地相參也，而心爲之主。是故耳目者，日
月也；血氣者，風雨也。」（圖 5-4）

　　這種天人相應的學說，以今天的眼光來看，很顯然有牽強附會之處，
但它卻是中醫學的基本理論與指導方法。不僅是生理病理，就是治病用藥，
也離不開它。成書於東漢時期的《黃帝內經》，正是繼承了《淮南子》的
學說，而加以發揚，運用於醫學之中。

　　《黃帝內經》是中醫學的經典，是理念之基礎。但《黃帝內經》一開篇說的不是治病，而是養生。由此可見，中醫與養生，本來就是一脈相承，不可分離的。《黃帝內經》的第一篇叫《上古天眞論》，開篇便說：「上古之人，其知道者，法於陰陽，和於術數，食飲有節，起居有常，不妄作勞，故能形與神俱，而盡終其天年，度百歲乃去。」

　　所謂「知道」，便是「知天道」，天道之秘，在於陰陽氣機的盈虛消長，它以術數的原則表現出來，所以人只要能夠「法於陰陽，和於術數」，飲食有節，起居有常，便能長壽，「度百歲乃去」。

　　所以養生的基本原則，就是順應自然，順時而動：法於陰陽，和於術數。也就是說，要與天地陰陽之氣相和，而二十四節氣，正是天地陰陽之氣變化的表徵。明白了這一點，便理解了養生的原則。

　　有趣的是，《黃帝內經》把長壽之人分爲四種：眞人、至人、聖人、賢人。這四種人長生的秘訣就是天人合一的基本原則，比如眞人能夠「提挈天地，把握陰陽」，至人則能夠「和於陰陽，調於四時」，聖人則能夠「處天地之和，從八風之理」，而賢人則能夠「逆從陰陽，分別四時」，毫無

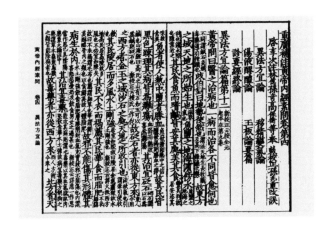

圖 5-5　《黃帝內經・素問》之《異法方宜論》(局部)

《黃帝內經・素問》原書九卷八十一篇，論述了養生保健、陰陽五行、藏象、病因病機、診法學說、治則學說。

例外地都提出了要順應天時，和於四季八風，這是中醫養生之道的最高指導原則。（圖 5-5）

　　其實，現代生物學早就有生物節律的學說，像我們熟知的人體的生物鐘，冥冥之中似乎有一把鑰匙在上緊發條，讓生命產生周而復始的節律現象，這把鑰匙，正是大自然的規律──節氣。掌握了這一規律，便能「宇宙在乎手，萬化生乎身」，成為得道的「眞人」，也就是長壽之人。

▍四季養生

　　人生天地之間，自然的風寒暑濕燥火，毫無疑問地會對人體產生莫大的影響。我們日常生活中常聽人說「上火了」、「感受風寒」、「中暑」等等，說的都是氣候變化給人體帶來的疾病。其實，人體的臟腑經絡、營衛氣血等生理活動，隨著季節的轉換和天氣的變化，也會出現週期性的變化：春氣在經脈，夏氣在孫絡，長夏氣在肌肉，秋氣在皮膚，冬氣在骨髓中。還會表現不同的特點：春溫、夏熱、長夏濕、秋涼、冬寒。陽氣會出現升、浮、沉、降的節律；脈搏會春浮、夏洪、秋弦、冬沉。天地有春夏秋冬四季，人體也有春夏秋冬的分啟合閉，天地大宇宙，人身即是一小宇宙，這種認識不僅由來已久，而且在歷代的養生文獻之中可謂是汗牛充棟，不勝枚舉。

　　我們前面引用過的《黃帝內經》第一章《上古天真論》提出了養生的原則，而第二章《四氣調神大論》，則完全是講人應該如何順應四季的氣候變化來進行養生保健的。「夫四時陰陽者，萬物之根本也。所以聖人春夏養陽，秋冬養陰，以從其根；故與萬物沉浮於生長之門。逆其根則伐其本，壞其真矣。」

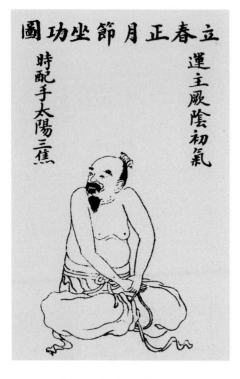

圖5-6 《立春正月節坐功圖》，出自陳
希夷「二十四氣坐功導治病」功法

「二十四氣坐功導治病」是根據二十四
節氣的氣運與人體經脈的對應關係而創
的功法，可養生治病。

順應四時陰陽的根本就是「春夏養陽，秋冬養陰」，這是大原則。《黃帝內經》甚至給出了具體的方法：

「春三月，此謂發陳。天地俱生，萬物以榮，夜臥早起，廣步於庭，被髮緩形，以使志生……此春氣之應，養生之道也；逆之則傷肝，夏為寒變，奉長者少。」（圖5-6）

「夏三月，此謂蕃秀。天地氣交，萬物華實，夜臥早起，無厭於日，使志勿怒，使華英成秀，使氣得泄，若所愛在外，此夏氣之應，養長之道也；逆之則傷心，秋為痎瘧，奉收者少，冬至重病。」

發陳，就是推陳出新的意思。春天的三個月，生命萌發的時令，萬物生發，人也要能夠抒發，所以要「廣步於庭，被髮緩形」，按今天的話來說，就是要多散步，衣服要穿得寬鬆點，頭髮要梳得自然一點。古人有束髮戴冠的習慣，今天的人們自不必拘泥於此。春天的氣息就是生命力的復活，所以春季的關鍵字就是一個「生」字。

夏天的三個月裏，萬物繁盛，欣欣向榮，所以用「蕃秀」來形容生物的變化。這時的養生關鍵在於「使志勿怒」、「使氣得泄」，這樣才能使「華英成秀」，也就是說在夏天草木由花序而結為果實，在人體則由心臟運送血液而營養全身。所以夏天的關鍵字是「長」。

92

　　總體而言，春夏養的是陽氣，秋冬養的是陰氣。秋季的三個月，謂之容平，自然景象因萬物成熟而平定收斂。人們應該收斂神氣，以適應秋季收斂的特徵。所以秋天的養生關鍵字是「收」，所謂「秋氣之應，養收之道」。而冬季的三個月，氣候寒冷，萬物閉藏。所以冬天的養生關鍵字是「藏」。

　　春生、夏長、秋收、冬藏，八個字便道盡了養生之理。它們與人體五臟相配，還需要從夏天裏面分出一個長夏，分別對應於肝、心、脾、肺、腎，以應於生、長、化、收、藏，如果用五行來解釋，便是木、火、土、金、水，其中土便配屬於長夏。下面這張圖，便清楚地表明了四季養生的原理。簡單來說，便是春養肝，夏養心，長夏養脾，秋養肺，冬養腎。所謂養生，就是順應四時節氣之變化，在起居、飲食方面予以注意攝養與養護。（圖 5-7）

圖 5-7 《四季養生示意圖》

隋唐之間有一位名醫名叫孫思邈，他還有一個廣爲流傳的稱呼：孫眞人。他的壽命一直是一個謎。有人說他活到一百六十八歲，也有人說他活到一百四十八歲。無論如何，至少是活了一百零一歲，在「人生七十古來稀」的古代社會，這是一位較爲可信的百歲老人，也是中國養生史上最著名的一位壽星，被後世尊爲「藥王」。（圖 5-8）

　　孫思邈寫過一首流傳千古的《孫眞人衛生歌》，其中開頭便說：「天地之間人爲貴，頭象天穹足象地。」點出了天人相應的宗旨。接下來則分

圖5-8　孫思邈，唐朝醫師與道士，京兆華原（現陝西耀縣）人

藥王孫思邈，唐代著名的長壽醫家，中國乃至世界史上偉大的醫學家和藥物學家。

別指出春夏秋冬四季所要注意的飲食、運動方面的具體養生方法。

天地之間人為貴，頭象天穹足象地。

春噓明目夏呵心，秋呬冬吹肺腎寧。

四季常呼脾化食，三焦嘻出熱煩除。

髮宜常梳氣宜煉，齒宜頻叩津宜咽。

子欲不死修崑崙，雙手指摩常在面。

春月少酸宜食甘，冬月宜苦不宜鹹。

夏月增辛不宜苦，秋辛可省但加酸。

季月少鹹甘略戒，自然五臟保平安。

若能全減身康健，滋味嗜偏多病難。

春寒莫放錦衣薄，夏月汗多須換著。

秋冬衣冷漸加添，莫待病生才服藥。

唯有夏月難調理，伏陰在內忌涼水。

瓜桃生冷宜少食，免至秋來成瘧痢。

圖5-9　丘處機(1148－1227年)，字通密，道號長春子，中國金朝末年全眞道道士

這首《孫眞人衛生歌》，著眼於四季天時的變化，指出人們應該順時而動，依時而養，天人合一，才能頤養天年。

除了起居飲食之外，還要主動地運動鍛鍊。大名鼎鼎的長春眞人丘處機曾經專門寫了一篇《攝生消息論》，詳盡論述了四季養生的原則，並給出了具體的導引按摩功法，比如：春季睡之前及清晨醒後，叩齒三十六次，以固腎疏肝，可神清氣爽，以應春之生發。夏三月，在無風處每日梳頭一二百下，梳及頭皮不可太重，因頭爲諸陽之會，尤不可受風，須輕柔和緩以應夏之長養。秋三月清晨，閉目叩齒二十一下，咽津，以兩手搓熱熨眼數次，多於秋三月行此，極能明目。秋天當令，須按此法，以應秋之收斂及肺臟清肅通調之氣。冬季練身，每日晨起及夜臥前，堅持按摩兩足心，

可益腎陰，壯腎陽，以應冬之蘊藏之氣。（圖 5-9）

　　我們還聽說過「冬病夏治，夏病冬治」，比如三伏天灸背部的腧穴，對冬天發作的哮喘病等有極好的療效，其中的道理就是「春夏養陽」。在夏天以灸法溫補陽氣，到了冬天，陰寒之症便能得到有效的預防。所以，對一個好的中醫而言，治病不算是本事，能把疾病扼制在未發之時，萌芽狀態，那才是本事。這就是《黃帝內經》上所說的「上工不治已病治未病」，而四季養生，就是要順應天時，預防疾病。（圖 5-10）

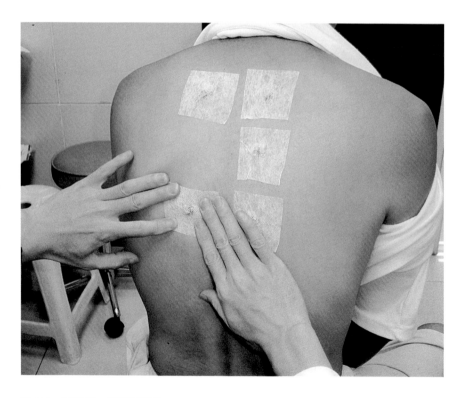

圖 5-10　冬病夏治，圖為「三伏貼」

「三伏貼」是一種膏藥。在夏天農曆的頭伏日期貼在後背一些特定部位上，據說可以預防、治療冬天發作的某些疾病。

節氣養生

如果說人體是一部機器，那麼節氣就是啓動這部機器的鑰匙。因爲節氣代表著陰陽，代表了天道。但人是一部有靈魂的機器，在自然規律面前，人類除了能夠被動地順應自然，也能夠主動地感知自然的變化，從而積極地應對自然的變化，以增進自己的健康，延長自己的生命。這就是古人所說的「我命在我不在天」。我們的祖先發現了二十四節氣的規律，不僅能夠運用在農業

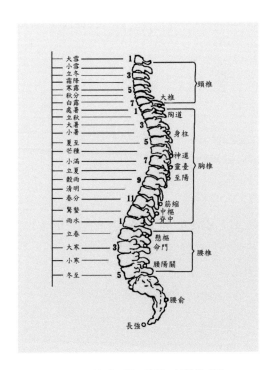

圖 5-11　二十四節氣與頸椎、胸椎、腰椎對應圖

生產上，也可以運用在自我保健上。關於養生的學說，不僅有天人合一的養生原則，有順應四時的季節養生，還有以月為週期的月令養生，以及以十五天的節氣為週期的二十四節氣養生法。（圖 5-11）

其實《黃帝內經》裏面並沒有提到二十四節氣，它只有四季養生的大原則，後人根據這些原則，逐漸勾畫出二十四節氣養生的具體架構，並根據時代的發展、氣候的變遷，以及疾病譜的變化，慢慢地豐富發展出一套比較具體的二十四節氣養生法。

以下是二十四節氣的病機、多發疾病、起居宜忌、食補食療、運動按摩等的簡要歸納：

一、立春（二月三至五日）：立春時節，陽氣升發，風邪為患。易發流感、肺炎、哮喘、中風、痔瘡、水痘等疾病。此時宜多梳頭，忌吹風，少食刺激性食物；常言道「春捂秋凍」，這時仍然要注意保暖，不要立刻脫冬衣。食療方面宜多食韭菜、香椿、百合、茼蒿、薺菜、豌豆苗、春筍、山藥、藕、蘿蔔、荸薺、生薑等，可進行適量運動，如散步、導引等，可按摩肝經。（圖 5-12）

二、雨水（二月十八至二十日）：雨水之時，濕邪為患，容易出現脾胃濕滯，消化道疾病較為常見，高血壓、痔瘡出血等多發。此時宜多喝粥，補腎健脾，忌立

　圖 5-12　食療，圖為山藥

圖 5-13　運動養生，圖爲太極拳

即收起多衣。食療方面可多吃茯苓、芡實、小米、胡蘿蔔、冬瓜、萵筍、扁豆、蠶豆、花椒等。可按摩腹部，點按脾經、胃經，做些散步、太極拳等運動。（圖 5-13）

　　三、驚蟄（三月五至七日）：這個時候人體肝氣上揚，易發肝氣不舒，或肝陽上亢，常見有高血壓等疾病反覆發作，宜養護陽氣，做些較舒緩的運動，忌過度操勞。食療可多食糯米、芝麻、蜂蜜、乳製品、豆腐、魚、蔬菜、菊花、甘蔗等等。運動以慢跑、登山、放風箏等較爲適宜。

　　四、春分（三月二十至二十一日）：春分時節，萬物化生，此時細菌、病毒等繁殖也較快，易發多種流行病如呼吸道感染等，有些舊疾易於發作，

如精神疾病。應保持情緒穩定，避免大喜大悲，適當地清補養肝，忌房事過度，七情太過。飲食以清淡為好，忌食過多的魚、蝦、蔥、薑、韭菜、大蒜等，多食百合、蓮子、山藥、枸杞等，忌過量飲酒，可按摩指尖、腹部，適當游泳、散步。

　　五、清明（四月五至六日）：清明時節，陽氣升發，常見肝氣鬱結、肝陽上亢，高血壓、過敏症、慢性支氣管炎等多發。宜保暖及戶外運動；忌：辛辣，甜膩性食物及「發物」，如海魚、海蝦、海蟹、鹹菜、竹筍、毛筍、羊肉、公雞、大蔥、大蒜、洋蔥、生薑、紫蘇、茉莉花茶。可多散步，進行郊遊、登山、放風箏等運動。（圖 5-14）

　　六、穀雨（四月十九至二十一日）：多有風邪為患，常見風熱感冒，抑鬱症也多發。宜清肺熱，忌暴飲暴食，薄荷、菊花、牛蒡、水芹、薺薺、黑木耳等為食療佳品，可遠眺、慢跑、散步，按摩頭部、肝經。

　　七、立夏（五月五至七日）：常有心火旺盛，心臟病多發，宜保持良好情緒，養心入靜；忌心火過旺，飲食沒有節制。多食苦瓜、芥藍、蕎麥、蓮子心、高粱米粥等。可散步、打太極拳、靜坐調養。

　　八、小滿（五月二十至二十二日）：多有濕熱為患，常見風疹、皮膚病等；宜除內熱，除濕邪；忌情緒波動過大。多食赤小豆、薏苡仁、綠豆、冬瓜、黃瓜、黃花菜、藕、胡蘿蔔、番茄、西瓜、山藥、蛇肉、鯽魚、草魚、鴨肉等。可慢跑、散步，按摩脾經。

　　九、芒種（六月五至七日）：濕熱困脾，傳染病、脾胃疾病多發。宜午睡，勤消毒，注意衛生；忌物品發黴。可食黃瓜、絲瓜、南瓜、西瓜等；可按摩腹部、脾經、胃經，適當散步，不宜劇烈運動。

　　十、夏至（六月二十一至二十二日）：常有暑熱傷脾，消化不良、中風、心臟病多見。宜調理脾胃，睡好午覺；忌大汗。多食綠豆、新鮮蔬菜、水果、魚類、豆類、醋、山楂等；散步、太極拳等輕微運動為佳。可按摩脾經、

圖 5-14　《百子團圓》圖
冊之「放風箏」（焦秉貞
／繪）

春風三月三，風箏飛滿
天。清明前後，春暖花
開，和煦的春風裏，最
適宜放風箏。

胃經、心經。

　　十一、小暑（七月六至八日）：常見暑濕水腫，前列腺炎、糖尿病、
心臟病等多發。宜養心，保持樂觀心態：忌過分貪涼及攝入過多冷食。芡實、
薏苡仁、冬瓜、蓮藕、苦瓜、苦筍、苦丁茶等爲食療佳品。宜游泳、散步；
按摩心經、腎經，如內關、腎腧等。

十二、大暑（七月二十二至二十四日）：多有暑熱傷津之症，此時中暑、高血壓多發。宜清熱補氣，冬病夏治；忌暴飲暴食，傷害脾胃。宜食苦瓜、絲瓜、黃瓜、菜瓜、番茄、茄子、芹菜、生菜、蘆筍等，可游泳、靜坐，按摩心經、脾經。（圖 5-15）

十三、立秋（八月七至九日）：秋季燥邪爲患，立秋之際，多見秋燥灼肺，常有咳嗽，糖尿病發作；宜養肺陰，防止秋老虎灼傷肺陰。宜食鴨肉、兔肉、甲魚、海參、茄子、鮮藕、綠豆芽、絲瓜、黃瓜、冬瓜、西瓜、苦瓜、梨等。以慢跑、散步爲宜，可按摩肺經、脾經。

十四、處暑（八月二十二至二十四日）：此時脾氣虛弱，易發胃病。

圖 5-15　各種按摩工具，北京農業展覽館中國非物質文化
遺產技藝大展（聶鳴／攝）

宜早睡早起；忌辛辣食物。以葡萄、銀耳、藕、菠菜、鴨蛋、蜂蜜等滋養脾胃。可靜坐、散步，按摩脾經、胃經。

十五、白露（九月七至九日）：白露時節，寒熱不均，過敏、哮喘等病多發。宜養陰；忌貪食寒涼，穿過於暴露的衣服。可食黃瓜、番茄、冬瓜、梨、荸薺、甘蔗、大棗、銀耳、百合、蜂蜜等，宜慢跑、登山，按摩肺經。

十六、秋分（九月二十二至二十四日）：秋氣高爽，亦可見秋燥傷肺，引起咳嗽、哮喘、皮膚乾燥等。宜保養肺陰，護肺；忌寒涼。可用銀耳、梨、蜂蜜、冰糖、大米、蓮子、百合等滋養，宜慢跑、登山，按摩肺經、腎經。

十七、寒露（十月八至九日）：天氣轉涼，多見寒邪入肺。老年慢性支氣管炎、哮喘病、肺炎等多發。宜熱水泡腳，保養頭髮，出遊；忌運動過度，過度悲傷，情緒過激。宜食蔥薑蒜、辣椒、牛肉、羊肉、茭白、南瓜、蓮子、桂圓、黑芝麻、紅棗、核桃等，可進行跑步、太極拳運動，按摩肺經。

十八、霜降（十月二十三至二十四日）：霜降之時，外寒內熱，感冒、哮喘等多發。宜進補，防寒保暖；忌著涼。多食枸杞、桂圓、海帶、南瓜、胡蘿蔔、甘藍、紅薯、花生等。跑步時注意保暖，以打太極拳、靜坐為宜；可按摩肺經、腎經。

十九、立冬（十一月七至八日）：立冬之際，陽氣衰微，常見寒濕入腎，關節炎、腸道傳染病多發。宜進補，養陰護陽，補腎精；忌胡亂進補，謹防虛不受補，要先健脾養胃。可多食龍眼肉、荔枝肉、桑葚、黑木耳、菠菜、胡蘿蔔、牛羊肉、海參、魚類等，以慢跑、散步、打太極拳為宜，可按摩腎經、脾經。

二十、小雪（十一月二十二至二十三日）：由於陰氣過盛，陽氣不足以升發，多見人體氣機不暢，此時抑鬱症多發。宜多曬太陽、保暖；忌大汗、感受風。多食蘿蔔、核桃、牛羊肉、枸杞、牛奶、豆漿等，以導引、靜坐為宜，可按摩腎經、肝經。

二十一、大雪（十二月六至八日）：大雪之時，陰寒入裏，多發關節炎、心血管疾病。宜保暖、進補；忌飲酒、房事過度。多食桂圓、栗子、山藥、大棗、南瓜、牛羊肉等，以導引、靜坐爲宜，不宜過多戶外活動，可按摩心經、腎經。

二十二、冬至（十二月二十一至二十三日）：陰氣極盛，陽氣伏藏，此時前列腺炎、感冒等多發。宜早臥晚起，多曬日光；忌大汗、受寒。多食羊肉、狗肉、枸杞、山藥、桂圓、大棗、芝麻、黃豆等，以導引、靜坐爲佳，可按摩腎經、心經。

二十三、小寒（一月五至七日）：多見脾腎虛寒，感冒、關節炎、心血管疾病多發。宜保暖、適度運動；忌乍冷乍熱。多食核桃、栗子、枸杞、牛羊肉、胡蘿蔔、乾薑、肉桂等。宜導引、靜坐，可按摩腎經、脾經。（圖5-16）

二十四、大寒（一月二十至二十一日）：天寒地凍，易見寒氣傷腎，高血壓、心臟病、感冒、肺炎等多發。宜早睡晚起、避寒就暖，忌日未出

圖 5-16　食療，圖爲豆腐筒骨煲

圖 5-17　食療，圖為
枸杞

而運動。多食牛羊肉、魚類、豆類、乳製品、乾薑、大棗、桂圓、糯米等。不宜室外活動，以導引、靜坐等室內運動為宜；可按摩腎經、脾經。（圖 5-17）

　　這些養生要點，可以作為日常養生的參考，但也不必完全照搬，因為中醫養生的最大原則便是因人而異，因地而異，辨證論治，運用之妙，存乎一心。養生實際上是伴隨整個生命每時每刻的，生命不息，養護不止。但在特定的節氣注意養生保健，可能會收到更好的效果。

　　為什麼要在特定的節氣進行養生保健呢？因為二十四節氣是地球上氣候改變的「臨界點」，氣候的變化會導致人體的相應變化，所以按照節氣來改變自己的飲食起居，正是順應天地、天人合一的自然養生法。外界的大環境在改變，人體內的小環境也要跟著改變，達成一個順時而動的和諧環境。也就是說，人體的陰陽平衡，要力圖與宇宙的自然規律協調一致。

　　當然，要達到這種層次的和諧，就必須要提高自身對環境氣候變化與身體內部變化的敏感度，最懂你的，其實還是你自己！為人如此，養生亦如此。

潤物的歌訣
中國節氣

6

道法自然
——節氣與民俗

春社與秋社

《老子》中曾經提到：人法地，地法天，天法道，道法自然。千百年來，華夏的祖先們對自然之道的體悟由直觀而上升爲理性，由實踐而提升爲文化。二十四節氣的確立是理性的結果，而與節氣密切相關的風俗人情，則是一種文化傳統的體現。（圖 6-1）

圖 6-1　《春社圖》（明‧張狙／繪）

南宋大詩人陸游的《遊山西村》一詩，爲我們描繪了春社的場景：

莫笑農家臘酒渾，豐年留客足雞豚。

山重水復疑無路，柳暗花明又一村。

簫鼓追隨春社近，衣冠簡樸古風存。

從今若許閒乘月，拄杖無時夜叩門。

這裏的春社，起源於古代的春祭。從周代開始，有春天祭日之禮，一般是二月的春分那一天，這是國之大典，有正式的禮樂儀式。清潘榮陛《帝京歲時紀勝》：「春分祭日，秋分祭月，乃國之大典，士民不得擅祀。」這一儀式歷代相傳。在一些朝代裏，春祭是官方行爲，皇帝有時會帶領百官前去祭天，或舉辦盛大的儀式，例如鞭春牛以鼓勵農耕。宋代國家有法令禁止殺牛，春祭時會用麵食製成牛的形狀作爲祭品，祭畢則衆人分食之。這種春祭的禮俗到了後世，則演變爲一村一族都有春祭之禮，祭祀的地方就叫「春社」。春社裏不僅祭日，也要在祠堂舉行隆重的祭祖儀式，殺豬、宰羊，請樂手吹奏，由禮生念祭文，帶引行三獻禮。廟堂之上，村野之間，蔚然成風。按陸游詩中描寫，我們可以看到春社裏人們是穿著古代的衣冠，在音樂的伴奏下舉行祭禮。這就是節氣的祭祀活動，漸漸演變爲民間風俗的一個典範了。（圖6-2）

春社的具體時間爲立春後第五個戊日，這一天便稱爲社日。而立秋後第五個戊日，便是秋社。元代的王惲在一首《堯廟秋社》的詞中寫道：

社壇煙淡散林鴉，把酒觀多稼。

霹靂弦聲鬥高下，笑喧嘩，壤歌亭外山如畫。

朝來致有，西山爽氣，不羨日夕佳。

秋天是收穫的季節，堯帝是三代聖人之一，在堯帝廟舉辦秋社，來祭祀天地祖先，說明了人們已經把節令當成一種文化生活了。高高的社稷之壇上供奉著神靈和祭品，壇下人們喝著美酒，歡慶豐收，還要彈琴高歌，

108

京尹官　俗迎氣東郊　春紫禁從民　衛彩旗攢進　臘寒紛陳儀　朝出土牛送

圖 6-2　《土牛鞭春》，出自《名畫薈珍》

立春日或春節開年，造土牛以勸農耕，農民鞭打
土牛，象徵春耕開始，以示豐兆，策勵農耕。

圖 6-3　秋收後農民在脫粒、揚穀的場景，十三至十四
世紀中國繪畫

好一派豐收的喜悅景象。〈圖 6-3〉

　　隨著時間的演變，春社與秋社的祭祀對象便固定了下來，主要便是祭
祀土神，也就是人們常說的土地公。遍佈村落的土地廟，雖然一年四季都
有香火，但以社日最為隆重。人們在立春之後祭土神以祈求秋天的收穫，
在立秋之後祭土神以感謝土地公的慷慨，表達一份濃厚的感恩之情。

▌寒食與清明

　　在二十四節氣裏，清明是最爲人所熟知的一個節氣。同時，它又是一個十分重要的傳統節日。節氣是物候變化、時令順序的標誌，而節日則包含著一定的風俗活動和某種紀念意義。

　　清明節的起源，據傳始於古代帝王將相「墓祭」之禮，後來民間亦相仿效，於此日祭祖掃墓，歷代沿襲而成爲中華民族一種固定的風俗。從節氣上來看，冬至後第一○五天被稱爲「寒食」，恰好是清明的前一天。寒食節與清明節是兩個不同的節日，到了唐朝，將祭拜掃墓的日子定爲寒食節。

　　關於寒食的來歷，雖然有周朝的禁火舊制，如《周禮》有「仲春以木鐸修火禁於國中」的說法，但流傳於民間的，卻是春秋時期介子推割股奉君的故事。

　　說到介子推，先要說說春秋時期晉國的公子重耳。重耳是晉獻公的大兒子，不幸的是晉國因爲立太子的問題發生了內亂，重耳不得已逃出了晉國，介子推便是跟隨逃亡的一名心腹之人。流亡的日子充滿了艱辛，有一

圖 6-4　《寒食》，古代繪畫

次甚至幾日斷食。忠心耿耿的介子推割下自己的股肉熬成湯，救了重耳一命。重耳在外流亡十九年，後來終於回國做了國君，成爲著名的春秋五霸之一——晉文公。晉文公復國之後，大封群臣，卻獨獨忘記了有救命之恩的介子推。介子推認爲忠君是理所當然的事情，沒有必要去爭名奪利，便帶著年邁的老母隱居在綿山。等到晉文公有一天想起了介子推，才發現這位功勞卓著的舊臣已經退出了朝堂。他便親自帶人前往綿山尋訪介子推，但綿山谷深林密，急切之間也無法尋找，有人便出了個主意說：「介子推爲人最爲孝順，如果放火燒山，他一定會背著老母親跑出山來。」晉文公未及細想，便命士兵放火燒山。誰知大火燒了數日，也不見介子推出來。晉文公只好再派軍士搜山，卻在一棵大樹下見到他們母子二人相抱在一起，早已被火燒死。晉文公痛悔萬分，將介子推安葬在綿山之下，並爲他建了一座祠堂，以爲永久紀念。晉文公下令，改綿山爲介休，並把介子推死處的大樹根挖了出來，做成木屐，不時穿在腳上，呼爲「足下」，以表示對介子推的思念。晉文公還下了一道命令，今後每年遇到燒山的這一天，全國不許舉火，只許吃冷食，以紀念這位忠心耿耿的臣子。這一習俗後來便慢慢演變爲「寒食節」。（圖 6-4）

　　這個故事雖然未見於正史，但民間一直流傳很廣。唐代大詩人王昌齡是山西太原人，他的《寒食即事》詩云：

　　晉陽寒食地，風俗舊來傳。

　　雨滅龍蛇火，春生鴻雁天。

泣多流水漲，歌發舞雲旋。

西見子推廟，空為人所憐。

這篇吊古傷情的詩作，正是詩人在介子推廟中所作。足見寒食與介子推的故事在唐代已經廣為人知。它之所以流傳千古，是因為人們對飽受屈辱，不離不棄，割股啖君，功不言祿，抱母而亡的介子推，有一種道德與氣節上的認同。

唐代還有一首著名的《寒食詩》：

春城無處不飛花，寒食東風御柳斜。

日暮漢宮傳蠟燭，輕煙散入五侯家。

從詩裏可以看出，寒食節在當時是一個盛大的公眾節日，舉國放假，仕女出遊，春光無限。

而另一首《寒食詩》，描寫的則是一幅「清明上墳圖」：

寒食時看郭外春，野人無處不傷神。

平原累累添新塚，半是去年來哭人。

正是在唐代，寒食與清明漸漸合而為一，成為一個既有祭掃新墳、生離死別的悲酸淚，又有踏青遊玩的歡笑聲，家家戶戶參與其中的最具傳統特色的節日。（圖 6-5）

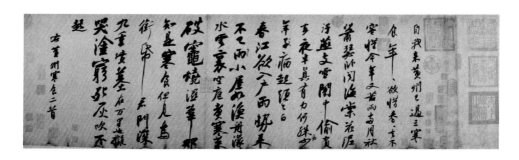

圖 6-5　書法《黃州寒食詩》(宋・蘇軾／書)

圖6-6　《清明》，古代繪畫

　　清明前後景色清新，春光明媚，往往細雨飄飄，和風拂拂，所謂「沾衣欲濕杏花雨，吹面不寒楊柳風」。這時人們自然而然地要親近自然，春天來了，有什麼比在惠風和暢的春光裏盡情地放飛心情更美好的呢？所以春遊踏青，自古以來便是中國人的傳統。清明的習俗也成爲一年二十四節氣中最爲豐富和有趣的。不僅是踏青春遊，還有盪鞦韆、打馬球、插柳、賞花、鬥雞、賽詩等。（圖 6-6）

　　文人騷客們在清明時節留下了許多膾炙人口的詩歌。比如元代詩人劉炳有句云：「今年寒食客秦淮，杏花李花無數開。」明代僧人明秀詩云「燕子歸來寒食雨，春風開遍野棠花」是描寫寒食節賞花的。杜淹有《鬥雞》詩云：「寒食東郊道，揚鞲竸出籠；花冠初照日，芥羽正生風；飛毛遍綠野，灑血漬芳叢；雖云百戰勝，會自不論功。」這是描寫鬥雞的場面，十分生動傳神。元代戴表元《林村寒食》詩云：「寒沙犬逐游鞍吠，落日鴉銜祭肉飛。聞說舊詩春賽裏，家家鼓笛醉成圍。」寒食節有點像是國外的狂歡

節，鄉民們祭祀祖先，舉辦詩會，鼓笛吹笙，開懷暢飲，相互嬉戲，如醉如痴，好一派歡樂的氣氛。

清明節，是二十四節氣中唯一演變成民間節日的節氣，今天仍然是我們的公眾假日，插柳演變爲植樹，蹴鞠演變爲足球，踏青演變爲春遊，只有掃墓之風千古不易。彰示著華夏民族的美德：追往懷舊、感恩知報。（圖 6-7）

二十四節氣與傳統的中國節日密切相關。像中國人最重要的春節，在漢代以前，基本上以立春爲春節，後來才逐漸演變成獨立的節日。而中秋節，則是由秋分演變而來的，古人以秋分爲祭月之日，但並不是每個秋分都是月圓之日，後來便逐漸定於八月十五這一天。節氣是劃分天象與氣候的標誌，更多的是代表著天象，亦即太陽運行的軌跡，而節日則慢慢地演變成民間祭祀與慶祝的固定日子了。唯一的例外，就是清明。

圖 6-7 《慶清明佳節》，出自《紅樓夢全本》（清 · 孫溫／繪）

▌ 節氣飲食習俗

　　民以食爲天，飲食在百姓生活中是頭等大事。在漫長的歲月長河中，中華大地的各族人民，在不同的節氣中，形成了極爲豐富的飲食習俗，爲舌尖上的中國，留下了各具特色的飲食文化。中華各地的知名小吃，都或多或少地與二十四節氣的飲食習俗有關。

　　春天裏，人們要吃春盤、春餅，還要喝春酒。春盤源於晉代的「五辛盤」，因爲春天寒氣未盡，陽氣初生，要以五辛來散發陽氣。這五辛就是蔥、蒜、花椒、生薑、芥末。既可以開胃順氣，又能防治感冒。而唐代立春日食用的春盤，則是由蘿蔔和生菜組成。杜甫的《立春》詩中寫道：「春日春盤細生菜，忽憶兩京梅發時。盤出高門行白玉，菜傳纖手送青絲。」

　　而到了宋代，蘇軾的詩歌中寫道：「辛盤得春韭」，「青蒿黃韭試春盤」，用的則是青蒿與黃韭。青蒿可以防治瘧疾，韭菜則能壯陽扶正，可見這種春盤是有著預防瘟疫的作用的。

　　咬春是指立春日吃春盤、春餅、春捲，嚼蘿蔔之俗，一個「咬」字道出節令的眾多食俗。春盤是用蔬菜、水果、餅餌等裝盤，饋送親友或自食，

故稱為春盤。（圖 6-8）

　　春餅則是與春盤相配的食物。它是烙成的薄薄的麵餅，春餅捲春盤，就是將蘿蔔細絲和五辛、韭菜等捲在一起食用，實際上便是今天的「春捲」了。清人林蘭癡有詩讚曰：「調羹湯餅估春色，春到人間一卷之。二十四番風信過，縱教能畫也非時。」直到今天，江南的春捲，依然要用蘿蔔絲，加上其他餡料緊緊包起，用油炸成焦黃色，咬起來外酥裏嫩，成為江南著名的點心之一。而在北方，春餅則是用米麵蒸出的薄薄的麵餅，包上各種餡料，其中切成細細的大蔥絲是少不了的，捲起來蘸醬而食，十分美味。

圖 6-8　《吃春餅》，山西絳縣年畫

連名滿天下的北京烤鴨的吃法，也是由這種春餅的食法發展而來。（圖 6-9）

　　為什麼一定要用大蔥呢？因為立春之時，大地回春，大蔥冒出的嫩芽，清香脆嫩，人們嚐鮮也有「咬春」之意。這種習俗，甚至可以追溯到春秋戰國時代，莊子曾經說過：「春日飲酒茹蔥，以通五臟也。」而春天喝的酒，叫作春酒，又叫春醪，一般是多天裏釀造，立春時啓壇。唐詩有「隔座送鉤春酒暖，分曹射覆蠟燈紅」的句子，足見春酒在唐代十分普遍。唐代的春酒，又叫「燒春」，可能便是度數較高的蒸餾酒，當時著名的「劍南燒春」，一度作為進貢朝廷的貢酒。如今，四川名酒「劍南春」名揚天下，應該就是由唐代的「燒春」發展而來。

　　在江南大地，每到草長鶯飛時節，小橋流水人家，戶戶都會用糯米粉和上麥汁，蒸出一籠籠的青團。這種習俗是來自於自古流傳的寒食，青團又甜又糯，就像江南少女口中的吳儂軟語，令人心馳神往。（圖 6-10）

　　清明過後的穀雨，人們習慣飲用新茶，稱之為「穀雨茶」。傳說穀雨這天的茶喝了會清火、辟邪、明目等，所以南方有明前茶、雨前茶之稱，當是來自於穀雨試茶的習俗。

　　春分時節，江南的田裏頭會出現被稱為「春碧蒿」的野莧菜，又稱春菜。採上一把春菜，放入滾開的鍋內，與雪白的魚片一起，片刻時間便能做出色香味俱佳的「滾湯」，喚為「春湯」。這春湯喝下去能夠清理腸胃，舒暢情志。所以有民諺云：春湯灌臟，洗滌肝腸。闔家老少，平安健康。

　　春分要喝湯，立夏要吃蛋。中國人最為熟知的小食「茶葉蛋」便是從立夏吃蛋的習俗演變而來。有道是「四月雞蛋賤如菜」，將喝剩的茶葉與雞蛋一煮便成了茶葉蛋。後來人們又改進煮燒方法，在茶中添入茴香、肉鹵、桂皮、薑末等，這樣煮出來的茶葉蛋香氣撲鼻，無論老少都十分喜歡。立夏吃蛋也是有講究的，因為立夏這天開始，氣候漸漸炎熱，很多人，特別是孩子會有脾胃虛弱、食欲不振、四肢無力的現象，稱為「疰夏」，而

圖 6-9　江南著名的點心
之一——炸春捲

圖 6-10　青團　　　　119

雞蛋是最好的食療補品，所以民間諺語說：立夏吃了蛋，熱天不疰夏。

到了三伏天，人們習慣於吃羊肉，叫作「吃伏羊」。這種習俗甚至可以追溯到上古時期，在江蘇徐州就流傳著「彭城伏羊一碗湯，不用神醫開藥方」的說法。如今，上海近郊的青浦等地，每年三伏都要舉辦盛大的「伏羊節」，正是這種習俗的延續。（圖6-11）

大暑時節，暑氣逼人，一些地方，人們要吃涼性的食物，如龜苓膏、燒仙草等，但有些地方與此相反，人們在大暑時節偏要吃熱性的食物，如福建莆田人要吃荔枝、羊肉和米糟來「過大暑」。湘中、湘北素有一傳統的進補方法，就是大暑吃童子雞。湘東南還有大暑吃薑的風俗，「冬吃蘿蔔夏吃薑，不需醫生開藥方」。

立秋之後天氣轉涼，民間流行在立秋這天以懸秤稱人，將體重與立夏時對比。因為人到夏天，本就沒有什麼胃口，飯食清淡簡單，兩三個月下來，體重大都要減少一點。秋風一起，胃口大開，想吃點好的，增加一點營養，補償夏天的損失，補的辦法就是「貼秋膘」。在立秋這天吃各種各

圖6-11 「伏羊節」上的羊湯，上海

樣的肉,燉肉、烤肉、紅燒肉等,「以肉
貼膘」。當然,對於今天的人們來說,減
肥似乎才是主流,但也不妨礙很多餐館裏
在立秋這天大賣紅燒肉。（圖 6-12）

　　「白露必吃龍眼」是福州的民間傳
統,就是說在白露這一天吃龍眼有大補的
奇效。這一天,吃一顆龍眼相當於吃一隻
雞那麼補。

　　浙江溫州等地有過白露節的習俗。蒼
南、平陽等地民間,人們於此日採集「十
樣白」（也有「三樣白」的說法）,以煨
烏骨白毛雞（或鴨子）,據說食後可滋補
身體,袪風濕。

　　立冬節氣,有秋收冬藏的含意,勞動
了一年的人們,在立冬這一天要休息一
下,順便犒賞一家人一年來的辛苦。有句

圖 6-12　稱體重,名為「稱人」（劉建華／提供）

立秋這天以懸秤稱人,將體重與立夏時對比。

諺語「立冬補冬,補嘴空」,就是最好的比喻。在我國南方,立冬人們愛
吃些雞鴨魚肉,在臺灣立冬這一天,街頭的「羊肉爐」、「薑母鴨」等冬
令進補餐廳高朋滿座。許多家庭還會燉麻油雞、四物雞來補充能量。

　　冬至吃狗肉的習俗據說是從漢代開始的。相傳,漢高祖劉邦在冬至這
一天吃了樊噲煮的狗肉,覺得味道特別鮮美,讚不絕口。從此在民間形成
了冬至吃狗肉的習俗。現在的人們在冬至這一天吃狗肉、羊肉,以求來年
有一個好兆頭。

　　每年農曆冬至這天,不論貧富,餃子是必不可少的節日飯。諺云:「十
月一,冬至到,家家戶戶吃水餃。」在北方,還流傳著一句「冬至不端餃

子碗，凍掉耳朵沒人管」的民諺，說的是冬至這一天，家家戶戶都要吃餃子。所以不僅是春節要吃餃子，冬至更要吃餃子，因為在古代，冬至也是重大的節日。（圖6-13）

　　冬至餃子夏至麵，立夏雞蛋立秋瓜，端午要喝雄黃酒，重陽常飲菊花茶。各地的飲食習俗豐富多彩，有的來自於流傳已久的文化，有的則是出於養生保健的需要，如今仍然在華夏大地廣為流傳。其實中國各地的名小吃，無一沒有來歷，無一沒有傳說，這正是中國的飲食能成為一種文化的原因。而二十四節氣的飲食習俗，正是我們引以為傲的食文化的主要內容。

圖6-13　冶春蒸餃（杜宗軍／攝）

▌民謠中的節氣

民謠，是流傳於百姓口中的歌謠，它真實地反映了生活，傳唱千古，它是詩歌之母。《詩經》中的大部分篇章，就是來自於民謠。人們口耳相傳的民謠，如風如火，不脛而走，成為大眾喜聞樂見的一種表達形式，往往代表了時代的精神，體現了文化的真髓。古往今來，人們留下了許多關於節氣的歌謠。這些歌謠，直白卻不淺薄、生動而又貼切，深刻反映了大自然的韻律和人們內心的感受。可以說，它是最接地氣的精神養料。（圖 6-14）

圖 6-14　金陵民俗「踏青郊遊時放風箏」（劉建華／提供）

古代放風箏與放晦氣是聯繫在一起的，放風箏是清明前後南京人最愛玩的遊戲。

我們先來看一首俏皮而有趣的《節氣百子歌》：

說個子來道個子，正月過年耍獅子。二月驚蟄抱雞子，三月清明墳飄子。四月立夏插秧子，五月端陽吃粽子。六月天熱買扇子，七月立秋燒袱子。八月過節麻餅子，九月重陽醪糟子。十月天寒穿襖子，冬月數九烘籠子。臘月年關四處去躲賬主子。

《節氣百子歌》雖然只有十二個「子」，但個個關係民生，實在是一首寫實之作。百姓的生活既平淡又充實，既有耕種的勞作之苦，又有豐收的喜悅之情。這首《節氣百子歌》流傳於四川地區，民俗風情，讓人感覺有如親歷。（圖 6-15）

關於節氣的民謠，民間流傳最廣的，莫過於九九歌。從冬至開始進入了「數九寒天」，可以想像，在漫長的冬季，家中的老人守在火爐旁，一句一句地教孩子們那有趣的《九九歌》，北方地區流行的《九九歌》是這樣的：「一九二九不出手；三九四九冰上走；五九六九沿河看柳；七九河開；八九雁來；九九加一九，耕牛遍地走。」這首短短的歌謠，通俗押韻，讀起來朗朗上口，就連五、六歲的孩子也能輕鬆地記住它。

《九九歌》是利用人對寒冷的感覺以及物候現象，即因天氣氣溫的變化而導致動植物的變化的現象，如柳樹發芽、桃樹開花、大雁飛來等，來反映天氣的冷暖。

《九九歌》由來已久，早在南北朝時就已出現，到了明代已很流行，明代《五雜俎》記載了當時《九九歌》的一種說法：「一九二九，相逢不出手；三九二十七，籬頭吹觱；四九三十六，夜眠如露宿；五九四十五，太陽開門戶；六九五十四，貧兒爭意氣；七九六十三，布納擔頭擔；八九七十二，貓犬尋陰地；九九八十一，犁耙一齊出。」

其中的「籬頭吹觱」，是指大風吹籬笆發出很大的響聲，就像吹觱一樣，這觱是古代北方少數民族的樂器名，也提示這首《九九歌》應該是在

北方流傳的。

　　據該書記載，當時還流傳著另一個版本：「一九二九，相逢不出手；三九四九，圍爐飲酒；五九六九，訪親探友；七九八九，沿河看柳。」這就顯得非常通俗易記，與今天流傳的版本比較接近了。

　　漫長的冬天十分難熬，人們在《九九歌》的基礎上發明了有趣的「熬冬」智能遊戲，也稱「畫九」或「寫九」，不管是畫的還是寫的，統稱爲

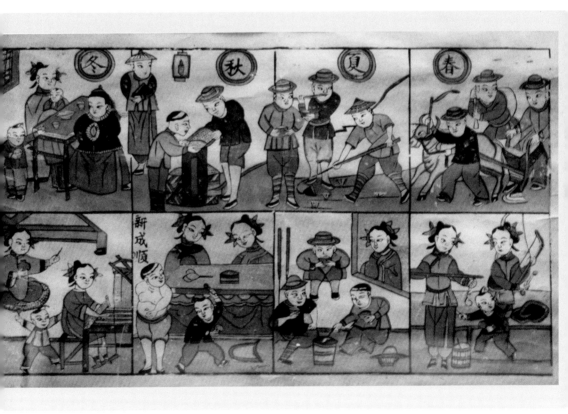

圖 6-15　春夏秋冬，楊家埠年畫，木版套印，民國版後印，山東省博物館展（俄國慶／提供）

圖 6-16　古代娃娃消寒圖

《九九消寒圖》。（圖 6-16）

　　《九九消寒圖》至少有兩種版本，一是描紅版。就是寫一句詩，比如「亭前垂柳珍重待春風」，其筆劃剛好是八十一畫，從冬至開始，每天描一筆，描完這八十一筆，春天就到了。（圖 6-17）

　　另一種是梅花圖。畫一枝梅花，枝上正好有八十一瓣梅花，從冬至那日開始，每天染一朵花瓣，等到畫上的梅花全部染紅，寒盡春來，最難熬的數九寒冬也就過去了。（圖 6-18）

　　這種習俗一開始在文人當中流行，逐漸流傳民間，坊間還有刻印好的《九九消寒圖》，在市面銷售，這就更省事了。冬至前買一張回家，每天畫一筆，表達了人們對春天的渴望。

　　夏天雖然沒有《九九消暑圖》，但同樣有《九九歌》。夏天的「九九」

是從夏至開始的,一共八十一天,這大概是爲了與多天相對應而編製出來的吧。

據明代《五雜俎》記載爲:

一九二九,扇子不離手;

三九二十七,冰水甜如蜜;

四九三十六,汗出如洗浴;

五九四十五,難戴秋葉舞;

六九五十四,乘涼入佛寺;

七九六十三,床頭尋被單;

八九七十二,思量蓋夾被;

九九八十一,階前鳴促織。

夏天有從冰窖中取出的冰水喝,顯然這是上流社會的生活寫照,另一個版本則是民間流傳的《夏至九九歌》:

圖 6-17 《九九消寒圖》之《管城春滿消寒圖》

夏至入頭九,羽扇握在手二九一十八,脫冠著羅紗。三九二十七,出門汗欲滴。四九三十六,渾身汗濕透。五九四十五,炎秋似老虎。六九五十四,乘涼入廟祠。七九六十三,床頭摸被單。八九七十二,子夜尋棉被。九九八十一,開櫃拿棉衣。

與「階前鳴促織」相比,「開櫃拿棉衣」更符合平民百姓的生活特點。除了《九九歌》之外,歷朝歷代都流傳著大量的節氣民謠民諺。比如:

立春陽氣生,草木發新根;雨水東風起,伏天必有雨;驚蟄雲不動,寒到五月中;吃了春分飯,一天長一線;清明不戴柳,紅顏變白首;穀雨不種花,心頭像蟹爬;上午立了夏,下午把扇拿;小滿天天趕,

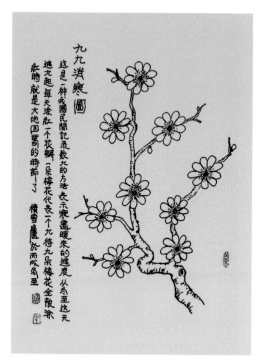

圖 6-18 《九九消寒圖》之梅花消寒圖

芒種不容緩;夏至刮東風,半月水來沖;小暑一聲雷,倒轉作黃梅;
大暑熱不透,大熱在秋後;早上立了秋,晚上涼颼颼;處暑天還暑,
好似秋老虎;白露白茫茫,寒露添衣裳;霜降不降霜,來春天氣涼;
立冬西北風,來年五穀豐;小雪不見雪,大雪滿天飛;冬至一日晴,
來年雨均勻;小寒勝大寒,常見不稀罕;大寒天氣暖,寒到二月滿。

這些民諺,有些是順口溜,有些反映了當時的氣候與物候現象,還有
些甚至具有遠期的天氣預報作用。民間流傳的節氣民謠,首先關心的還是
農時,關注的還是收成,也充滿了生活情趣。中國文化既是貴生的文化,
也是貴農的文化,在這些節氣的歌謠裏得到了充分的體現。

當然,今天的孩子們一定要記誦的,是下面這首新編的《二十四節氣
歌》:

地球繞著太陽轉，繞完一圈是一年。一年分成十二月，二十四節緊相連。按照西曆來推算，每月兩氣不改變。上半年是六、廿一，下半年逢八、廿三。

這些就是交節日，有差不過一兩天。二十四節有先後，下列口訣記心間。

一月小寒接大寒，二月立春雨水連；驚蟄春分在三月，清明穀雨四月天。

五月立夏和小滿，六月芒種夏至連；七月大暑和小暑，立秋處暑八月間。

九月白露接秋分，寒露霜降十月全；立冬小雪十一月，大雪冬至迎新年。

隨著時代的變遷，氣候也會發生變化，而中國地大物博、幅員遼闊，各地的民謠往往差距很大，這也反映了民謠的地域性及真實性。節氣民謠以其生動好記的特點，千百年來流傳極廣，成為民俗文化的重要組成部分，也影響著每一個中國人的生活。

▋ 潤物的詩篇

　　如果說民謠是詩歌之母，那麼，文人的詩作，則是更為凝練的歌詠了。中國是一個詩歌的國度，從《詩經》到唐詩宋詞，人們會發現，關於節氣的詩篇可謂是多如繁星，令人難以盡數，下面我們舉一些優秀的詩作，來看看節氣的文化韻味吧。

　　先來看看唐代羅隱的《京中正月七日立春》：

　　一二三四五六七，萬木生芽是今日。

　　遠天歸雁拂雲飛，近水游魚迸冰出。

　　以「一二三四五六七」起頭，好像是孩童們數數，沒人會感到這是在作詩，但第二句突然點出「立春」之日萬木生芽的景象，前面的數字卻陡然讓人感覺到了時間如流水般消逝的時空觀念。歸雁與游魚，則令人想起了《禮記・月令》的物候描寫，可謂是觸景生情，既有遊人之歡，又有歸客之思，十分生動地表現了立春之日的自然變化與內心情感的交融。一個「迸」字，寫活了游魚出水的動感，真是妙不可言。（圖 6-19）（圖 6-20）

（圖 6-21）

圖 6-19　《二月探春》，出自清代雍正年間的《十二月令》

圖 6-20　《四月流觴》，出自清代雍正年間的《十二月令》

圖 6-21 《六月納涼》，出自清代雍正
年間《十二月令》

南宋詩人張栻的《立春偶成》：

律回歲晚冰霜少，春到人間草木知。

便覺眼前生意滿，東風吹水綠參差。

立春是一年之始。「律回」二字，巧妙地揭示了節氣的韻律，就像音樂一樣在迴旋。古人認爲音律跟地氣是完全相應的，所以有「律管吹灰」的說法。大自然的韻律就像一首詠歎調，迴旋激盪，周而復始。詩人緊緊把握住這一感受，眞實地描繪了春到人間的動人情景。冰化雪消，草木滋生，開始透露出春的信息。於是，眼前頓時豁然開朗，到處呈現出一片生意盎然的景象。那碧波蕩漾的春水，也充滿著無窮無盡的活力。從「草木知」到「生意滿」，詩人在作品中富有層次地再現了大自然的這一變化過程，洋溢著飽滿的生活激情。

南宋詞人辛棄疾的《漢宮春‧立春日》則是另一番情懷：

春已歸來，看美人頭上，嫋嫋春幡。無端風雨，未肯收盡餘寒。年時燕子，料今宵、夢到西園。渾未辦、黃柑薦酒，更傳青韭堆盤？

卻笑東風從此，便熏梅染柳，更沒些閒。閒時又來鏡裏，轉變朱顏。

清愁不斷，問何人、會解連環？生怕見、花開花落，朝來塞雁先還。

春幡，是少女頭上彩紙剪成的燕子，春天的消息，首先是通過美人的頭飾表達出來的。女人愛美，也愛春天，這種描寫別出心裁，令人遐想不已。這裏寫到了節令的變換與當時的習俗，如黃柑酒，青韭春盤等，都是春天的食物。節令物候的變化與詞人的惜春之情交相輝映，讓人的眼前出現一幅春天景象。（圖 6-22）

若論描寫清明的最佳詩句，還是當推唐代詩人杜牧的那首《清明》了：

清明時節雨紛紛，路上行人欲斷魂。

借問酒家何處有，牧童遙指杏花村。

這是幾乎每位中國人都能背誦的千古絕唱，有景、有情、有雨、有詩、有酒，還有時令節氣，更有那代代相傳的中華之魂。

圖 6-22　春幡（剪紙）

南宋時，人們開始把春幡貼在門楣上以祈福。

133

節氣可以入詩，可以入詞，當然也可以入曲。清末蘇州的彈詞藝人馬如飛創作了一曲《二十四節氣》的彈詞：

（唱）表的是《西園（記）》梅放立春先，雲鎮霄光雨水連，驚蟄初交河躍鯉，春分蝴蝶夢花間，清明時放的本是《風箏誤》，穀雨時在《西廂（記）》好養蠶，《牡丹亭》立夏花零亂，《玉簪（記）》小滿佈庭前，隔溪芒種《漁家樂》，《義俠（記）》同耕夏至田，《白羅衫》在小暑最得體，《望江亭》大暑時對風而眠，立秋後向日的葵花放，處暑時在《西樓（記）》又聽晚蟬，你看那《翡翠園》中白零露，秋分《折桂（記）》月華天……立冬時暢飲在《麒麟閣》，《繡襦（記）》時小雪正好詠詩篇，《幽閨（記）》大雪紅爐暖，冬至一到這《琵琶（記）》就懶得去彈，小寒高臥做個《邯鄲夢》，《一捧雪》飄空又交大寒。（圖 6-23）（圖 6-24）（圖 6-25）

這篇彈詞把二十四節氣與十八齣崑曲劇目巧妙地連在了一起，隨著時令安排劇目，顯得十分自然貼切，真可謂是匠心獨運。如清明時節的習俗是放風箏，所以要演《風箏誤》，秋分桂花香，上演的便是《折桂記》，大寒時演一齣《一捧雪》，應景應時，如果是在現場聽那一腔三轉的吳儂軟唱，一定會讓人拍案叫絕！

節氣還可以入聯。（圖 6-26）中國的對聯，講求工整和押韻，往往比詩歌的要求還要嚴格。傳說明代有

圖 6-23　中國戲劇《西廂記》繪圖

圖 6-24　中國戲劇《牡丹亭》插圖《尋夢》、《驚夢》

棋爽同墙粉跳生張

期佳會齒鶯生

圖 6-25　《玉簪記》中的陳妙常，民國香煙牌
畫（黃欣／提供）

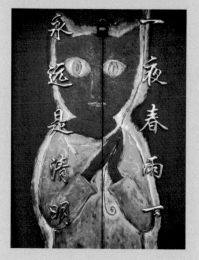

圖 6-26　民居門上的對聯：一夜春雨下，永
遠是清明（劉苑生／提供）

一位學者，在浙江天臺山遊覽時，夜宿山中茅屋。次日晨起，見茅屋一片白霜，心有所感隨口吟出上聯：

昨夜大寒，霜降茅屋如小雪。

這副上聯嵌有大寒、霜降、小雪三個節氣，來描寫眼前的景色，人們會聯想起「雞聲茅店月，人跡板橋霜」，會在眼前浮現一派秋霜，滿地皆白的圖畫。全聯一氣呵成，毫無痕跡。一時成為絕對，難倒了許多文人才士。直至近代，才由浙江的趙恭沛先生對出下聯：

今朝驚蟄，春分時雨到清明。

這下聯同樣含有三個節氣——驚蟄、春分、清明，描繪的是春天的景色，不僅對得十分工整，還把春天的氣息表達了出來，讓人彷彿在春天剛剛來到的驚蟄這一天，便渴望在春雨中沐浴，對得巧妙，堪稱絕對，令人心服口

圖 6-27 對聯「善養百花唯曉露，能生萬物是春風」，落款：梁章鉅，北京首都博物館（孔蘭平／攝）

服。（圖 6-27）

歷史上還有人撰寫過一副兼具文學性與科學性的妙聯：

二月春分八月秋分畫夜不長不短；

三年一閏五年再閏陰陽無差無錯。

春分和秋分，分別在二月和八月，此時畫夜相平，所以說「不長不短」。而下聯則換了另一個角度，道出了農曆閏年的規律性，即三年一閏、五年再閏、十九年七閏，沒有天文曆法的知識，也是寫不出來的。（圖 6-28）

圖 6-28　中秋拜月

中國古代帝王有春天祭日、秋天祭月的禮制，祭月即拜月。魏晉時流行中秋賞月，明代祭月之風遍及全國，賞月，吃月餅等習俗亦長盛不衰。

詩歌來自於自然，來自於生活。當我們感受節氣時，正是在向大地叩問詩句。詩潛藏於大地的深處，節氣是它湧現的泉眼。水聲汨汨，詩情勃勃。節氣無疑包含了最為原始質樸的詩意，它直接源自大地，又經過了昇華，就像雨水從天空沛然而下，一派天然，不僅滋潤了萬物，也滋潤了人類的心靈，讓人體會到大自然率真的表情和微妙的靈性。（圖 6-29）

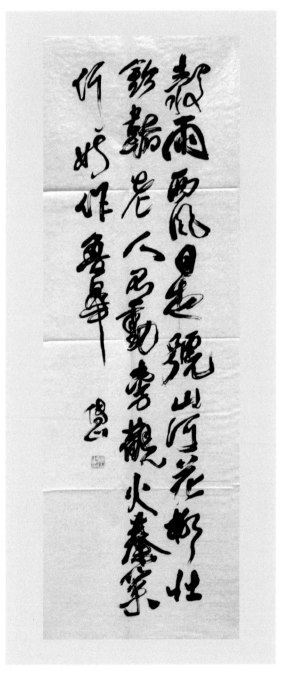

圖 6-29　七言絕句草書軸，綾本，高一百八十五公分、寬五十二公分，傅山書（孔蘭平／攝）

書為「穀雨西風日夜號，山河花柳壯鈴韜。老人不動旁觀火，秦策何妨作魯枲」。

139

圖 6-30　二十四節氣大鼓，陝西西安鼓樓（封小莉／攝）

　　節氣是詩歌，也是畫；節氣是天籟之聲，也是人類頭腦中的靈感音符。天地間的陰陽消息，透過二十四節氣的一個個特定的刻度，與經天的日月，輪迴的四季一起，混而為一，奏響了如歌的行板，噴湧出造化的詩篇。（圖6-30）

　　正如杜甫的那首千古絕唱：

　　好雨知時節，當春乃發生。

　　隨風潛入夜，潤物細無聲。

　　野徑雲俱黑，江船火獨明。

　　曉看紅濕處，花重錦官城。

　　中國人獨立發明的，流傳了幾千年的二十四節氣，不正是那潤物的歌詠，歲月的詩篇嗎？

參考文獻

[1]　杜石然等。中國古代科技史稿 [M]。北京：科學出版社，1982。

[2]　潘吉星。李約瑟文集 [M]。瀋陽：遼寧科學技術出版社，1986。

[3]　張聞玉。古代天文曆法講座 [M]。桂林：廣西師範大學出版社，2008。

[4]　祝亞平。道家文化與科學 [M]。合肥：中國科學技術大學出版社，1995。

[5]　李金水。中華二十四節氣知識全集 [M]。北京：當代世界出版社，2010。

[6]　施杞。實用中國養生全書 [M]。上海：學林出版社，2000。

國家圖書館出版品預行編目（CIP）資料

潤物的歌咏：中國節氣／祝亞平著. -- 初版. --
　　臺北市：風格司藝術創作坊，2015.03
　　面；　公分. --（中華文化輕鬆讀；07）
　　ISBN　978-986-6330-98-8（平裝）

1.節氣 2.中國

541.26208　　　　　　　　　　　　104002133

潤物的歌咏：中國節氣

作　　者：祝亞平

出　　版：風格司藝術創作坊

發 行 人：謝俊龍

責任編輯：苗龍

企劃編輯：范湘渝

地　　址：106　台北市大安區安居街 118 巷 17 號 1 樓
　　　　　　TEL：886-2-8732-0530　　FAX：886-2-8732-0531
　　　　　　E-mail: mrbhgh01@gmail.com

總 經 銷：紅螞蟻圖書有限公司

地　　址：114　台北市內湖區舊宗路二段 121 巷 19 號
　　　　　　TEL：886-2-2795-3656　　FAX：886-2-2795-4100
　　　　　　http://www.e-redant.com

初版一刷：2015 年 5 月

定　　價：250 元

※本書如有缺頁、破損、裝訂錯誤，請寄回更換※

ISBN：978-986-6330- 98-8
Printed in Taiwan